电网企业重大活动
电力安全保障组织与实践

主　编　于　波　崔海华　程　胜

武汉理工大学出版社
·武　汉·

图书在版编目(CIP)数据

电网企业重大活动电力安全保障组织与实践 / 于波，崔海华，程胜主编. —武汉：武汉理工大学出版社，2022.12

ISBN 978-7-5629-6735-4

Ⅰ. ①电… Ⅱ. ①于… ②崔… ③程… Ⅲ. ①电力工业-工业企业管理-安全管理-中国 Ⅳ. ①TM08

中国版本图书馆 CIP 数据核字(2022)第 208006 号

项目负责人:王光国 **责任编辑**:黄玲玲

责任校对:王兆国 **版面设计**:正风图文

出版发行:武汉理工大学出版社

地　　址:武汉市洪山区珞狮路 122 号

邮　　编:430070

网　　址:http://www.wutp.com.cn

经　　销:各地新华书店

印　　刷:武汉乐生印刷有限公司

开　　本:787mm×1092mm　1/16

印　　张:11.25

字　　数:234 千字

版　　次:2022 年 12 月第 1 版

印　　次:2022 年 12 月第 1 次印刷

定　　价:78.00 元

凡购本书，如有缺页、倒页、脱页等印装质量问题，请向出版社发行部调换。

本社购书热线:027-87515778　87515848　87785758　87165708(传真)

编 委 会

主　编　于　波　崔海华　程　胜

副主编　陈在军　王记虎　陈新田　辛　巍

参　编　石伟东　袁润枞　马　龙　薛　钊

邓奕超　刘义航　易　明　程　鑫

余时芬　方少林　柏永昊　蔡弘衍

霍晓梁

前　言

电力运行关系国计民生，随着社会经济蓬勃发展，重大政治、经济、体育、文化等活动也日益频繁，供电企业承担着越来越重要的社会责任。近年来，供电企业不断加大电网建设力度，电网调度能力和供电能力有了显著提高，但由于外力破坏、设备突发性故障以及恶劣天气等不可预见因素影响，电网企业对重大活动的电力安全保障仍缺乏实践经验，新形势对电网企业的电力安全保障工作提出了更高要求。

为规范和指导重大活动电力安全保障工作，全面提高供电企业在面临重大活动保电工作中的准备能力、组织能力、工作能力和应急处突能力，针对重大活动保电工作中存在的问题及隐患，本书深入研究电力安全保障体制机制，对电力安全保障的组织体系、工作体系、运行管理、隐患治理、应急处置、风险评估等方面进行了系统分析与总结，并介绍了第十四届全国运动会测试赛这一重大活动的电力安全保障组织与实践。本书内容可为加强保电工作组织领导、规范保电工作流程、明确保电工作职责、组织落实好现场保电工作等提供参考。

本书在编写过程中，参考了大量专家学者、相关企业的研究和实践成果，并得到了国家电力行业有关专家、领导的精心指导，在此一并致谢！

鉴于编者水平有限，书中不足之处在所难免，恳请读者批评指正。

编　者

2022年5月

目　　录

1 概　　述

1.1 电力安全保障概述

1.1.1 名词解释

为规范名词含义，便于读者准确理解本书后续内容的相关概念，依据《国家电网有限公司重大活动电力安全保障工作规范》(Q/GDW 12158—2021)、国家能源局《重大活动电力安全保障工作规定》(国能发安全〔2020〕18 号)等相关文件内容，对本书涉及的重要专业名词进行解释。

(1) 重大活动(important activities)

由省级以上人民政府组织或认定的，具有重大影响和特定规模的政治、经济、科技、文化、体育等活动。

(2) 重要电力用户(important power consumer)

在国家或者一个地区(城市)的社会、政治、经济生活中占有重要地位，对其中断供电将可能造成人身伤亡、较大环境污染、较大政治影响、较大经济损失、社会公共秩序严重混乱的用电单位或对供电可靠性有特殊要求的用电场所。根据供电可靠性要求、中断供电的影响程度，重要电力用户可分为特级、一级、二级重要用户和临时性重要用户。

(3) 双电源(double power supply)

分别来自两个不同变电站，或具有不同电源进线的同一变电站内两段母线，为同一用户负荷供电的两路供电电源。

(4) 双回路(double circuit)

为同一用户负荷供电的两回供电线路。

(5) 定制电力(custom power)

提高配电网电能质量和供电可靠性的一种电力供应策略，将定制电力装置用于配电系统，以向用户提供所需的可靠性水平和电能质量水平的电力。常见的定制电力装置有动态电压恢复器、静止同步补偿器、飞轮储能系统、固态切换开关、有源滤波器等。

(6) 不间断电源(uninterruptible power supply)

在交流市电短暂停电中断时，可以连续提供高品质电能的电源装置，是将蓄电池与主机相连接，通过主机逆变器等功率模块电路将直流电转换成交流市电的系统设备。

(7) 电池 UPS 电源车(battery UPS power supply vehicle)

载有不间断供电电源(uninterruptible power supply，UPS)设备的应急供电车辆，其车载 UPS 电源是由整流器和逆变器等组成的一种电源装置，它与直流电源的蓄电池配合，能提供符合要求的不间断交流电源。

(8) 飞轮储能技术(flywheel energy storage technology)

一种利用机械能储存电能的储能技术，以保持一定旋转速度的飞轮作为机械能量储存的介质。飞轮等器件被密闭在一个真空容器内，通过磁悬浮技术对飞轮加以控制，利用能量转换控制系统控制电能的输入和输出。

(9) 在线式 UPS(on-line UPS)

不管电网电压是否正常，负载所用的交流电都要经过逆变电路，逆变器一直处于工作状态，持续提供符合要求的不间断交流电源。

(10) 飞轮储能电源车(the flywheel energy storage power supply vehicle)

载有飞轮储能设备的应急供电车辆。其车载飞轮储能电源是由整流器和逆变器等组成的一种电源装置，以保持一定旋转速度的飞轮作为机械能量储存的介质，能提供符合要求的不间断交流电源。

1.1.2 存在问题

重大活动电力安全保障是指在某时间段内，保障特定范围内重大活动供电可靠性及用电安全的行为。电力作为一种经济、实用、清洁且容易控制和转换的能源，被广泛应用在动力、照明、通信等各个领域，与人们日常生活、工厂生产、科技发展息息相关。尤其是在一些重大活动中，保证电力供给的可靠性、稳定性已成为电力保障最重要的工作之一。

随着我国综合国力日渐增强，国际地位不断提升，越来越多的重要活动在中国举行，例如 2018 年 APEC 青岛峰会(图 1.1)、2019 年第七届世界军人运动会(图 1.2)等，这些会议、活动的顺利举行都离不开幕后的电力保障。

图 1.1　大会配置的应急发电车

图 1.2 军运会巡检

重大活动中，突发停电将产生难以预料的不良后果，甚至影响国家形象，供电保障是重大活动能否顺利进行的关键因素之一。近年来，供电企业不断加大电网建设力度，电网调度能力和供电能力显著提高，然而目前的保电工作依然存在很多问题，可归结为以下几点：

(1) 协同工作不易落实

保电工作应由主办部门、监管部门、电力企业、保电客户按职责协同完成。然而在目前的电力保障工作中，各个单位与部门在信息共享时，依然主要依靠手机、电子邮件等方式。当保电现场发生故障时，主要采用无线电对讲机方式，由保电中心对保电人员下达指令，保电人员不能获得准确、及时的设备信息，从而对设备故障进行判断。信息的共享度低、实时性差，已成为电力保障中急需解决的问题之一。

(2) 保电改造成本巨大

重大活动的举办往往具有短期、临时的特点，同时电力保障要求又往往较高，导致设备改造的资金巨大，然而在日常运作中又存在性能过剩的浪费。如何在满足保电要求的情况下，有效地降低成本，是保电工作中的一个难题。

(3) 保电方式落后

目前的保电工作依然停留在保电方案制定、保电设施改造、保电联合演练的阶段。在保电工作的过程中，保电人员不能实时掌握电气设备的运行状况，在故障发生后，依然依靠工作人员的经验排查故障，恢复供电。

(4) 缺乏科学的负荷预测方法

在目前的保电工作中，预测电力负荷主要依靠对现场电气设备额定功率的统计及对以往相关活动的经验总结，并留有大幅度的负荷裕度来保障供电，缺乏科学的电力负荷预测方法。

(5) 各种不可预见因素对保电工作影响较大

特高温、暴雨、大潮汛等无法预料的较大气象或自然灾害影响，加之城市建设日新月异，输变电设备受到外力破坏的可能性明显增大，保电工作难以做到百分之百的可控、在控。

因此，本书深入研究重大活动电网企业电力安全保障的体制机制，对电力安全保障的组织体系、工作体系、运行管理、应急处置等进行系统介绍与总结，为加强保电工作组织领导、规范保供电工作流程、加强保电工作计划性、明确保电工作职责、切实做好活动场所用电检查工作、组织落实好现场保电工作提供参考，确保重大政治、经济活动圆满完成。

1.2 电力安全保障目标

1.2.1 内涵

电网企业必须高度重视重大活动中电力安全保障工作的开展，以最高的标准、最有效的组织保障、最可靠的技术措施、最饱满的精神状态、最严明的工作纪律，确保重大活动期间电网安全稳定运行，确保重点用户供电安全，杜绝造成严重社会影响的停电事件发生，努力实现保电范围“设备零故障、客户零闪动、工作零差错、服务零投诉”。

1.2.2 重点

为实现电力安全保障目标，应严格落实保电及安全生产各项工作要求，精心组织、统筹协调，理顺工作机制，明确工作责任，扎扎实实做好安全保障工作，重点是做好以下六点工作：

(1) 提高政治站位，强化保电意识

重大活动保电工作事关政府影响力和企业形象，事关经济社会发展大局和社会和谐稳定，必须提高政治站位，强化保电意识，高标准、高质量圆满完成保电工作任务。各部门、各单位要进一步提高政治站位，切实增强责任感和使命感，围绕中心、服务大局，自觉强化保电意识，突出党建引领，充分发挥党组织的战斗堡垒作用和党员的先锋模范作用。图 1.3 所示为陕西电网张思德共产党员服务队活跃在保电一线。

(2) 加强组织领导，落实保电责任

重大活动保电工作应建立完善的组织体系，公司主要负责人负责重大活动期间保电工作的统一协调、管理、监督和考核，同时根据实际情况成立综合协调、设备管理、调度运行等专项工作组，负责重大活动期间具体工作的落实。同时，保电组织体系应加强与政府部门的沟通协调，争取支持，形成合力，更好地推进保电工作开展。

要切实落实保电责任，确保责任落实到部门、落实到个人，实现“人人有事做、事事有人管”，故应在保电工作中推行岗位责任制。岗位责任制的关键在于责任的落实、责权利的统一和执行力的提高。为切实发挥岗位作用，必须在推进落实上采取措施，千想万想想思路，千抓万抓抓落实。

图 1.3　陕西电网张思德共产党员服务队活跃在保电一线

(3) 细化工作方案，落实各项措施

按照职责分工，细化分解保电任务，制定完善的保电方案、应急预案和现场处置方案。以举办大型赛事为例，要制定完善的比赛场馆、运动员住地、接待酒店、新闻中心等重要用户专项保电方案，有效落实各项保障措施。

保电方案应包括保电组织机构、保电时间及级别、保电设备及重要用户、工作职责、人员安排、保电安排、应急处置方案及工作要求等内容；应急预案应包括总则、危险源分析、组织机构及职责、预防与预警、应急响应、信息报告与发布、后期处置及应急保障等内容；现场处置方案应包括事故风险分析、应急工作职责、应急处置程序、注意事项等内容。

(4) 严肃工作纪律，严格责任追究

保电时段，各单位应认真值班值守，确保信息畅通，严格执行领导带班、管理干部 24 小时值班和“零报告”制度。各级保电人员要坚守岗位，做好巡视值守。遇有突发事件要第一时间启动应急响应，严格信息报送，确保上下联动、准确快速，及时妥善有效处置。公司有关部门要组织开展监督检查，督导做好各项保电工作。对于因责任不落实、工作不到位等原因，发生安全事故、性质严重的停电事件以及泄密事件，要严格追究相关单位和领导的责任。

(5) 做好疫情防控，确保人身健康

在疫情常态化背景下，要落实疫情防控要求，做好岗前筛查，落实防护措施，确保人员健康。要充分考虑疫情影响，积极做好与重要客户的沟通协调，落实应急情况下抢修人员、物资装备及时到位，遇到突发事件时进行有效处置。图 1.4 所示为疫情防控保电检修现场。

(6) 及时总结经验，持续改进提升

在重大活动保电工作过程中及结束后，相关部门和单位要及时开展保电工作评估，全面梳理各专业、各阶段、各环节的工作开展情况，认真分析总结，提炼成功经验，剖析存在的问题，制定针对性措施，持续优化改进，不断提升保电工作水平。图 1.5 所示为某电力公司召开国庆保供电总结会。

图 1.4　疫情防控保电检修现场

图 1.5　某电力公司召开国庆保供电总结会

1.3　电力安全保障要求

1.3.1　内涵

重大活动保电工作应遵循“超前部署，规范管理，各负其责，相互协作”的工作原则，进行“分类、分层、分级、分阶段”管理，如表 1.1 所示。

表 1.1 重大活动保电"分类、分层、分级、分阶段"管理

<table>
<tr><th colspan="3">分类</th><th>分层</th><th>分级</th><th>分阶段</th></tr>
<tr><th colspan="2">重大活动保电分类</th><th>举例</th><th>分层管理要求</th><th>保障时段分解</th><th>保电阶段划分</th></tr>
<tr><td>第一类</td><td>有多国首脑参加的重大国际性活动，党中央、全国人大、国务院、全国政协、中央军委等召开的国家重要会议，纳入公司年度重点工作任务的重大活动保电任务</td><td>1. G20 峰会、APEC 峰会、世界博览会、奥林匹克运动会等重大国际性会议或活动；
2. 全国两会、党的全国代表大会等重要会议</td><td>1. 公司总部统一指挥协调，并组织支援保障，国网安监部牵头；
2. 举办地省公司负责具体实施</td><td rowspan="3">1. 特级保障时段：重大活动开、闭幕式或全体人员出席的活动时段。活动开始前 2 h 至活动结束后 1 h。
2. 一级保障时段：除特级保障时段外的其他正式活动时段。活动开始前 2 h 至活动结束后 1 h。
3. 二级保障时段：除特级、一级保障时段外的其他保障时段</td><td rowspan="3">准备阶段
⇩
实施阶段
⇩
总结阶段</td></tr>
<tr><td>第二类</td><td>有中央政治局常委级领导参加的重大活动或考察调研保电任务；未纳入公司年度重点工作的其他重大国际性活动或国家重要会议</td><td>1. 敦煌文博会、世界互联网大会等重大活动；
2. 达沃斯论坛、中非合作论坛等重大国际性会议</td><td>1. 公司相关部门和分部做好跟踪督导；
2. 举办地省公司负责组织实施</td></tr>
<tr><td>第三类</td><td>除上述一、二类以外的重大活动保电任务（省级政府及以上组织的）</td><td>各省的两会等</td><td>举办地省公司自行组织实施，并做好信息报送</td></tr>
</table>

准备阶段，主要包括保障工作组织机构成立、工作方案制定、风险评估和隐患治理、网络安全保障、电力设施安全保卫和反恐怖防范、配套电力工程建设和用电设施改造、合理调整电力设备检修计划、应急准备，以及检查、督查等工作。

实施阶段，主要包括落实保障工作方案、人员到岗到位、重要电力设施及用电设施、关键信息基础设施的巡视检查和现场保障、突发事件应急处置、信息报告、值班值守等工作。

总结阶段，主要包括保障工作评估总结、经验交流、表彰奖励等工作。

1.3.2 工作要求

保电期间，各相关基层单位成立保电小组及抢修队伍，落实值班领导，落实抢修器材，指定专用车辆和驾驶员，并提早做好事故预判，做好保电准备工作。确保当事故发生时以最快的速度投入抢修现场，并要求抢修队伍由值班领导带队、安监随行，确保现场工作安全。

各单位领导和各相关负责人必须认真督导检查，保电人员值班期间不得出现脱岗、离岗现象。保电人员要高度重视、认真对待保供电工作，责任落实到人，确保巡视到位，及时发现和汇报各类安全隐患和异常情况，坚决杜绝巡视死角，保证巡视质量，确保每次保电工作万无一失。

保电期间，变电站、线路的报装接电、日常检修、消缺等工作应予以取消。

保电期间，各单位保电人员确保生产指挥系统通信畅通，一旦发生突发事件，保电人员应做到快速反应，第一时间赶赴现场解决问题。

1.3.3 保密要求

做好涉密载体的制作、印制、发放、存储、回收和销毁工作，严格履行签字登记手续，不得擅自扩大涉密事项知悉范围。

保电参与人员不得在办公场所、工作现场随意摆放、丢弃涉密文件资料，及时回收涉密载体。要定期对涉密载体进行清查、核对和登记，需归档的要及时归档保存，需清退的应及时如数清退，任何单位和个人不得自行留存。

严禁通过互联网传输涉密信息，公司信息内网不得传输国家秘密事项，公司信息外网不得传输国家秘密事项、企业秘密事项。

加强对手机使用的管理，使用手机时应做到：不得在手机通话中涉及国家秘密；不得使用手机存储、处理、传输国家秘密；不得在手机中存储核心涉密人员的工作单位、职位等敏感信息；不得在涉密场所使用手机录音、摄影、视频通话和上网；不得使用个人手机拍照、传送、保存涉密资料。

各单位要建立保密监督检查机制，发现问题及时上报，做到不瞒报、不漏报。

图 1.6 所示为保密工作培训。

图 1.6 保密工作培训

1.4 电力安全保障方式

重大活动保电应根据电网实际和活动举办方的需求，充分考虑活动持续时间、涉及场所数量、用户分布情况，以及安全性、可靠性、适用性等因素，采取相应的保电方式。

(1) 电网保障

采用电网供电的保障方式适用于具备双回路及以上供电电源的保电场所，持续时间长、用户集中，或周期性开展的重大活动原则上选用此保电方式。

对于重要电气设备，为保证其供电可靠性，通常采用两路电源供电，一路作为工作电源，一路作为应急电源，即备用电源，如图 1.7 所示。这两路电源的电压等级、性质等均相同，不同的是，这两路电源应该分别来自不同的而且是相对独立的配电系统。供电正常情况下，电气设备使用工作电源，当工作电源因故断电时，应急电源(备用电源)会在极短的时间内自动切换投入，从而保证电气设备供电的连续性。当工作电源恢复供电时，线路自动在极短的时间里切换回工作电源供电。

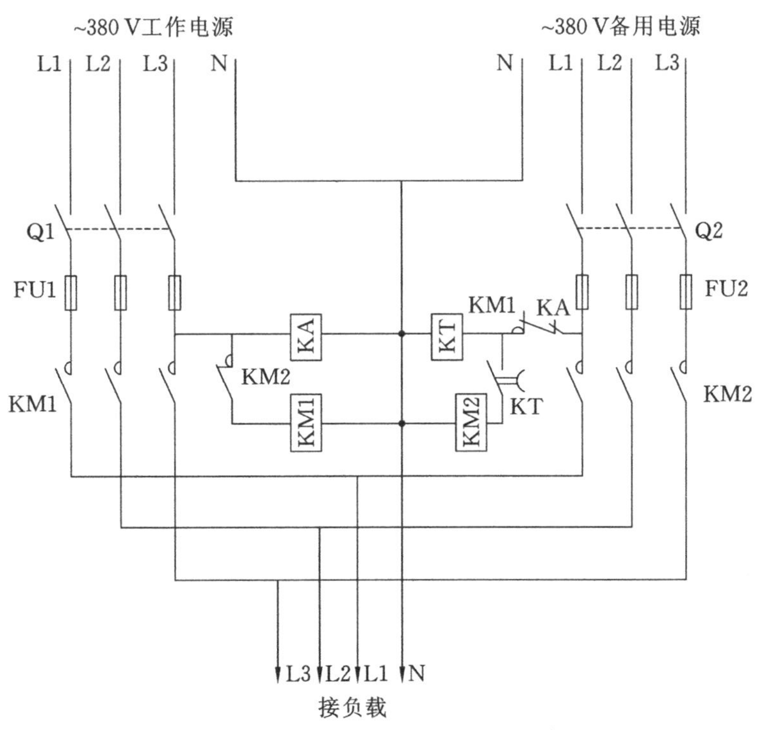

图 1.7 某 380 V 双回路电源供电示意图

(2) 应急电源保障

应急电源供电一般由充电器、逆变器、蓄电池、隔离变压器、切换开关等装置组成，适用于重大活动的临时保电场所。常用的应急电源种类有 EPS 应急电源、UPS 不间断电源、应急柴油发电机组、应急燃气发电机组等，如图1.8所示。集中供电应急电源是在建筑物发生火情或其他紧急情况下，对疏散照明或其他消防、紧急状态急需的各种用电设备供电的电源。

(a) (b)

(c) (d)

图1.8 常见的应急电源种类

(a)EPS应急电源;(b)UPS不间断电源;(c)应急柴油发电机组;(d)应急燃气发电机组

由其供电目的可以看出，应急电源应当满足以下特有的要求：

① 高可靠性。高可靠性是指电源在紧急状态下能可靠供电；保证供电是电源的第一目的，只要元器件可以运行而不致损坏，供电就不能停止。当然，此时元器件的工作状态可能相当严酷，电源的某些电气参数(如频率、谐波率)在特殊状态时可能不理想，但只要用电负荷在这些参数状态下可以工作，电源就不能停止供电。

② 可监视性。应急电源虽然是使用在特殊场合(供电电源停电、发生火情等)，但鉴于其适用于突发紧急条件场所，应当具备可监视性。尤其对于应急静态不停电电源，一是利用其自身接口，把信号送到主机，用计算机进行监视；二是对于正常负载，平时就可以用应急电源来供电。

③ 免维护性。免维护性在设备中表现在三个方面：一是电池的充放电是利用设备自带的智能集成芯片完成的；二是采用了免维护电池；三是设备可发出状态警告信号。

④ 系统简单、控制方便。应急电源是在发生突发状况下，为保证人员疏散、信息传递等必要需求的最后保障，故应急电源系统应简单明了，易于操作控制。

(3) 电网+应急电源保障

采用电网和应急电源相结合的供电保障方式适用于不具备双回路供电电源的保电场所,或虽具备双回路及以上供电电源,但部分重要负荷需要增加供电保障的情形。持续时间短、用户分散的重大活动优先选用此类保电方式。

(4) 微电网

微电网(Micro-Grid)也称微网,是指由分布式电源、储能装置、能量转换装置、负荷、监控和保护装置等组成的小型发配电系统,可分为以下几类:

① 直流微电网:分布式电源、储能装置、负荷等均连接至直流母线,直流网络再通过电力电子逆变装置连接至外部交流电网。直流微电网通过电力电子变换装置可以向不同电压等级的交流、直流负荷提供电能,分布式电源和负荷的波动可由储能装置在直流侧调节。

② 交流微电网:分布式电源、储能装置等均通过电力电子装置连接至交流母线。交流微电网仍然是微电网的主要形式,通过对 PCS 处开关的控制,可实现微电网并网运行与孤岛模式的转换。

③ 交直流混合微电网:既含有交流母线又含有直流母线,既可以直接向交流负荷供电又可以直接向直流负荷供电。

④ 中压配电支线微电网:以中压配电支线为基础,将分布式电源和负荷进行有效集成的微电网,它适用于向容量中等、有较高供电可靠性要求、较为集中的用户区域供电。

⑤ 低压微电网:在低压电压等级上将用户的分布式电源及负荷适当集成后形成的微电网,这类微电网大多由电力或能源用户拥有,规模相对较小。

图 1.9 所示为微电网典型结构。

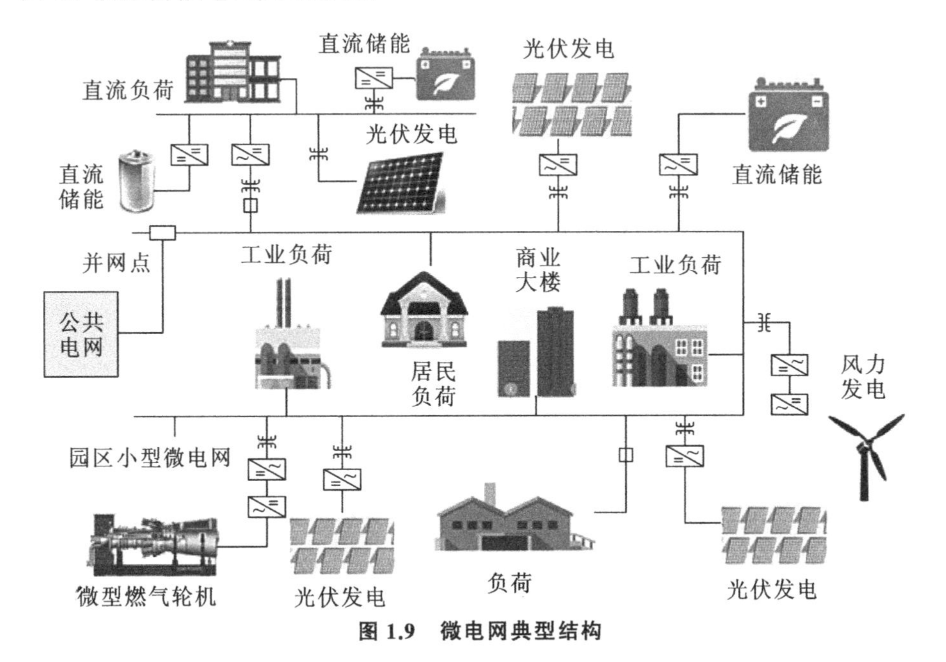

图 1.9 微电网典型结构

2 工作职责与组织体系

2.1 相关方保电工作职责

在重大活动中，应明确政府相关部门、电力企业、重要用户在电力安全保障中的工作责任，严格落实工作职责，共同完成保电工作任务。

2.1.1 承办方

承办方的工作职责为：

① 及时向电力管理部门、派出机构、电力企业、重要用户通知举办重大活动的时间、地点、内容等。

② 协调电力企业和重要用户落实电力安全保障任务，做好供用电衔接，支持配套电力工程建设。

③ 支持、配合保电督查检查。

2.1.2 电力管理部门

电力管理部门的工作职责为：

① 贯彻落实重大活动电力安全保障工作的决策部署。

② 建立重大活动电力安全保障管理机制，组织、指导、监督、检查电力企业和重要用户的电力安全保障工作。

③ 协调重大活动期间电网调度运行管理，协调重大活动承办方、政府有关部门解决电力安全保障工作相关重大问题。

④ 制定电力安全保障工作方案。

2.1.3 派出机构

派出机构的工作职责为：

① 贯彻落实重大活动电力安全保障工作的决策部署。

② 监督、检查相关电力企业开展重大活动电力安全保障工作。

③ 建立重大活动电力安全保障工作协调机制。

④ 制定电力安全保障监管工作方案。

2.1.4 电力企业

电力企业的工作职责为：

① 贯彻落实各级政府和有关部门关于重大活动电力安全保障工作的决策部署。

② 提出本单位重大活动电力安全保障工作的目标和要求，制定本单位保障工作方案并组织实施。

③ 开展安全评估和隐患治理、网络安全保障、电力设施安全保卫和反恐怖防范等工作。

④ 建立重大活动电力安全保障应急体系和应急机制，制定完善应急预案，开展应急培训和演练，及时处置电力突发事件。

⑤ 协助重要用户开展用电安全检查，指导重要用户进行隐患整改，开展重要用户供电服务工作。

⑥ 及时向重大活动承办方、电力管理部门、派出机构报送电力安全保障工作情况。

⑦ 加强涉及重要用户的发、输、变、配电设施运行维护，保障重要用户可靠供电。

2.1.5 重要用户

重要用户的工作职责为：

① 贯彻落实各级政府和有关部门关于重大活动电力安全保障工作的决策部署，配合开展监督、检查工作。

② 制定重大活动用电安全管理制度，制定电力安全保障工作方案并组织实施。

③ 及时开展用电安全检查和安全评估，对用电设施安全隐患进行排查治理并进行必要的用电设施改造。

④ 结合重大活动情况，确定重要负荷范围，提前配置满足重要负荷需求的不间断电源和应急发电设备，保障不间断电源完好可靠。

⑤ 建立重大活动电力安全保障应急机制，制定停电事件应急预案，开展应急培训和演练，及时处置涉及用电安全的突发事件。

⑥ 及时向重大活动承办方、电力管理部门报告电力安全保障工作中出现的重大问题。

2.2 组织体系

2.2.1 指挥部

1. 内涵

电力安全保障指挥体系是由电力保障总指挥部、现场指挥部和各单位分指挥部构成的，多层次、多分支指挥机构构成的有机整体(图2.1)。其主要表现为指挥机构设置的递阶结构和指挥跨度的合理性。递阶结构，是指指挥体系在纵向上所区分的指挥层次；指挥跨度，是指指挥体系中每一级指挥层次直接指挥的所属和配属的建制单位数量。实现指挥体系科学合理的主要途径是最大限度地增大指挥跨度，尽量减少指挥层次。建立指挥体系的目的是为电力安全保障实行统一指挥提供组织依托。

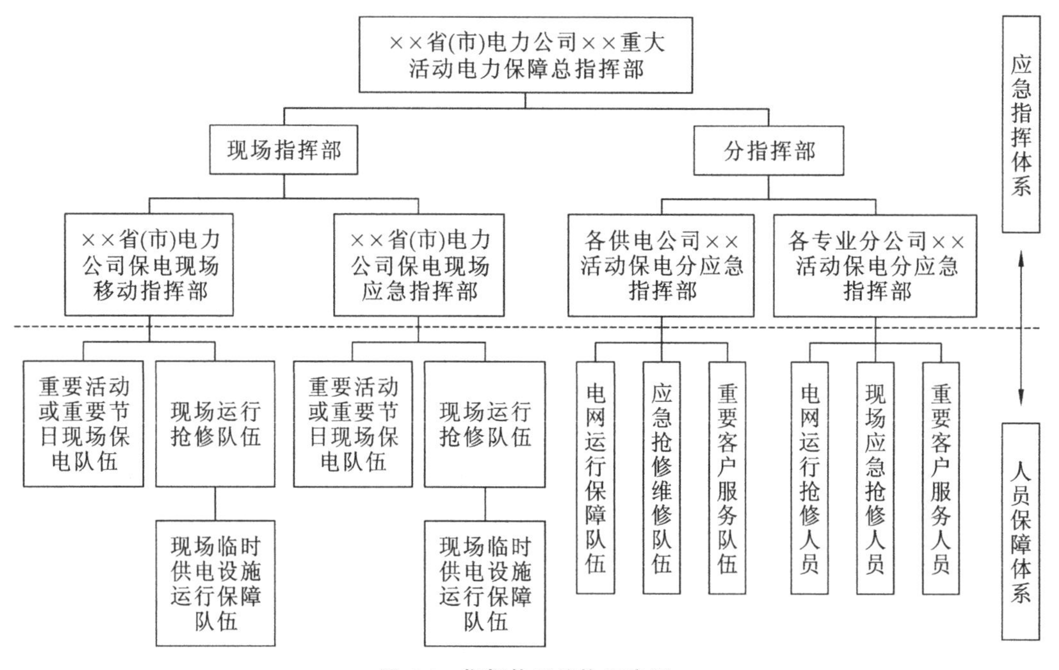

图2.1 指挥体系结构示意图

2. 工作流程

(1) 监测

应实时获取当地公安部门视频监控信息、气象部门接入的实时天气信息、小型多功能气象站提供的微气象区信息、水利部门接入的河段水位信息、部分智能小区的内部监控信息等重要公共资源信息，整合电力系统内部的生产、营销等有关系统数据信息。实现信息覆盖区域的全方位、立体化、全天候的多重监测，实现对危控区的有效管理。

(2) 预警

运用“物联网”理念，在重点防控的地势低洼区域重要电力设备处可安装水位监测和告警装置，实时监测水位并实现超过水位值预警；在开闭所内部安装环境监测装置，用以探测开闭所内部的温度、湿度、烟雾、水位情况，一旦超过警戒值便可提前预警，同时采用视频监控模式实现设备可视化远程监控；建立防汛水位与设备高程数字模型，通过对系统自动推送的实时天气信息及预报信息、小型多功能气象站提供的微气象区信息、河段水位信息等进行智能分析研判，结合设备高程坐标、营配贯通信息等自动分析给出可能影响到的区域及对应的电力设备、用户，实现防汛水位智能研判预警功能。针对强台风、强雷暴雨、洪涝灾害、外力破坏、电网过载等信息进行自动分析和预警。

(3) 指挥

运用“大指挥”理念，从整体上实现人、财、物资源的合理调度和科学把控，综合运用接入的路口视频监控信息、远程监控功能、天翼对讲设备定位和对话功能、抢修车辆定位和轨迹查看功能、三维全景图真实地理环境查看功能、“网格化”抢修模式等实现包括抢修最佳路径选择、大型装备配置、专家远程诊断在内的抢修全过程对接、协助、指挥。

(4) 处置

外部公共资源信息数据与电力系统内部信息系统的整合，在故障处置阶段可发挥重要作用，为影响范围分析、线路转供、故障隔离等提供强有力的数据支撑，结合配电自动化系统应用，实现故障快速隔离处置。

(5) 辅助

一是决策辅助。指挥系统通过模拟不同抢修方案带来的实际影响区域数据变化，用来优化抢修方案。二是指挥辅助。运用危险点标注、地质灾害统计、网格化防汛等功能为指挥抢修提供辅助。三是抢修辅助。完善的数据库为前台实时传输接线图、设备台账等信息。

3. 保电现场指挥部

重大活动举办期间，公司应于主要中心区域设立电力保障现场指挥部门，整体指挥和协调各单位派驻活动地点的电力保障队伍和应急抢修队伍，做好活动用电与其他特殊用户内部临时供电设施的运行保障和用电安全服务工作。如2008年北京奥运会举办期间，供电公司在位于奥林匹克中心区的安慧变电站设奥运赛时供电保障指挥系统。现场指挥部与各区域派驻现场的电力保障队伍和应急抢修支援队伍建立工作联系和信息上报制度，除了确保公司保电责任范围内的临时供电设施的安全运行，必要时还将为重要客户内部配电设施故障抢修提供应急支援。

4. 重大活动供电保障分指挥部

在重大活动举办期间，公司各相关二级单位组建由单位主要领导任总指挥的重大活动供电保障分指挥部，按照本单位职责分工，指挥协调本单位各相关部门和供电保障队伍开展重大活动期间的电网运行保障工作。

(1) 各供电公司分指挥部保电职责

各供电公司分指挥部负责组织供电区域内电网的运行管理和设备运行、维护工作，组织开展重大活动期间保电值班、重点设备的特巡和看护工作，指挥本区域内电网事故应急抢修，落实各项供电保障措施，确保对重大活动中重要客户、重点项目和重点活动的可靠供电。负责指挥和协调活动开展区域内重要客户与人员的用电安全服务和技术支持，同时确保在活动举办期间对其他客户的供电工作正常开展。负责与所在区活动外围保障指挥部的沟通联络，按相关要求向公司总指挥部和所在区活动外围保障指挥部汇报电网运行情况和活动中重要客户与人员供电保障情况，及时汇报电网事故和异常的有关情况。

(2) 各专业生产单位分指挥部保电职责

变电公司、输电公司、电缆公司、试验研究院等专业公司分指挥部负责组织本单位所辖设备的运行、维护工作，组织开展举办重大活动时保电值班、重点设备特巡和看护工作，负责指挥事故应急抢修，负责按相关要求向公司总指挥部汇报运行保障工作，落实各项供电保障措施，确保输变电设施安全可靠运行。

(3) 物业管理公司分指挥部保电职责

物业管理公司分指挥部负责按公司整体安排组织开展针对活动期间的重要客户和重要活动的备用电源保障，组织开展移动发电设备的保电值班，确保发电车、不间断电源车等移动供电设备处于良好状态，确保在发生电网事故的情况下以最快的速度恢复重要客户供电，负责按相关要求向公司总指挥部汇报保电工作情况。

(4) 路灯管理中心分指挥部保电职责

路灯管理中心分指挥部负责组织开展活动场地及其他重要客户周边道路、市区主要交通干道、其他重点场所及其周边区域路灯设备和供电设施的运行保障，确保路灯运行可靠，指挥和协调路灯突发应急事故的抢修，按相关要求向公司总指挥部汇报路灯保障工作情况。

(5) 物资公司分指挥部保电职责

物资公司分指挥部负责组织开展电网事故应急物资供应和物资支援，确保应急抢修物资的及时供应。

(6) 工程公司及综合产业管理中心保电职责

工程公司及综合产业管理中心成立分指挥部，接受公司总指挥部领导，负责组织和指挥公司供电保障应急抢修预备队开展电网事故应急支援。

2.2.2 工作组

针对重大活动期间的重点工作，结合职责分工，总指挥部可成立 9 个专项工作组，具体包括：综合协调工作组、设备管理工作组、调度运行工作组、优质服务工作组、工程建设工作组、信通网安工作组、维稳保密工作组、新闻宣传工作组和安保应急工作组，如图 2.2 所示。各工作组需配置计算机用于值班人员对相关信息进行查询使用；配置电话专门用于与各指挥部的通信联络。

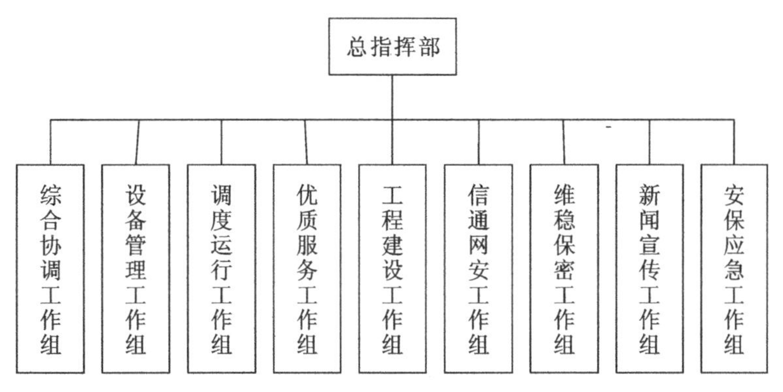

图 2.2 组织体系示意图

(1) 综合协调工作组

综合协调工作组负责协调重大活动用电项目的电力保障工作,解决保电工作相关问题,组织开展监督检查,督促落实保电措施等,其主要工作要求如下:

① 直接对接负责日常电力保障,收集电力相关问题并反馈至上级机关、地方政府及活动举办方,并予以跟踪处理,如遇紧急协调事宜,应立即召集联合各部门进行专项协调处理。

② 监控落实重大活动保电项目电力配套工程的项目进度,及时向上级机关、地方政府及活动举办方反馈项目进展情况,定期对重大活动用电情况开展调查研究,收集对供电服务及电力配套工程工作方面的建议。

③ 加强信息沟通,及时收集、了解、掌握其他部门的工作情况,实现信息"零时差"共享,提升办事效率。

(2) 设备管理工作组

设备管理工作组负责设备采购、维护及管理工作,落实设备管理责任等,其主要工作要求如下:

① 根据重大活动保电工作需要,组织落实相关设备采购,并对设备开展后续维护及管理工作,实现"三杜绝、三防范",即杜绝因设备管理责任而造成的停电事故、人身死亡事故、重特大设备事故,严格防范因管理责任而造成的重大火灾、恶性误操作、重大网络安全事件。

② 推进设备管理"三化",即标准化、精益化、智能化,负责设备设施损坏事件专项应急预案的编制、培训和演练。

③ 监测和统计设备运行情况,一旦发生设备损坏及其他问题,立即向上级部门汇报并组织开展职责范围内的设备抢修恢复工作。

(3) 调度运行工作组

调度运行工作组负责电力调度运行管控,排查相关隐患,其主要工作要求如下:

① 负责组织编制重大活动保供电调度运行方案,完善细化电网调度运行管控方案,

合理安排电网运行方式，并根据保电需要开展联合演练。

② 提高电力调度人员综合能力，组织专业技能培训。

③ 排查电力调度运行故障，开展电网运行监测预警并适时向上级部门发布电力预警信息。

(4) 优质服务工作组

优质服务工作组负责提高保电优质服务水平，认真执行供电承诺制度，其主要工作要求如下：

① 建立完善优质服务常态工作制度，规范服务流程，细化"一户一册"保电方案。

② 加强监督检查机制，以国家电网公司"三个十条"为基础，建立重大活动工作组考核标准，做到工作提质、办事提速、服务提效。

(5) 工程建设工作组

工程建设工作组负责重大活动与电力设施建设的协同实施，其主要工作要求如下：

① 负责落实配套电力工程项目建设工程方案及经费预算计划，组织开展建设规划、设计招标、审批报备等各项前期工作。

② 加强项目建设施工监督，全面掌握施工进度及严格把控质量，参与组织工程竣工验收工作。

③ 开展新投产设备电气传动、大负荷等试验，为重大活动配套电力工程建设做好系统接入。

(6) 信通网安工作组

信通网安工作组负责网络信息系统安全运行相关方面的工作，落实网络安全措施要求，其主要工作要求如下：

① 负责组织协调网络与信息系统突发事件危险因素的监测监控和预测分析，提出预警。

② 承担重大活动信息通信系统建设的组织实施，负责重大活动举办期间信息系统设备运行、检修、安全等运维工作。

③ 负责网络安全保障专项方案和应急预案的编制、培训和演练，及时开展网络安全隐患排查和风险评估。

(7) 维稳保密工作组

维稳保密工作组负责落实重大活动保电维稳和保密相关工作的全面部署，其主要工作要求如下：

① 严格落实内部维稳责任，防止重大活动期间发生群体信访事件和个人极端行为。

② 严格执行保密制度，实行保密工作先期介入机制，确保保电相关文件、方案、预案和电网运行方式等重要涉密资料及载体安全。

③ 加强保电工作保密教育，严格考察评估保电工作人员的政治素质，并组织进行保

密培训，强化保密意识，掌握保密技能。

④ 保电工作中如发现违反保密相关规定的行为，要及时予以制止；一旦发生泄密事件应立即向上级机关、重大活动举办方及地方政府汇报，及时采取补救措施。

(8) 新闻宣传工作组

新闻宣传工作组负责重大活动期间保电方面相关新闻宣传工作和导向管理，积极应对舆论，其主要工作要求如下：

① 牵头编制重大活动期间保电相关新闻宣传保障方案，并由此进行相关培训和演练。

② 提前与主流新闻媒体联系沟通，按照上级机关有关需求，做好新闻发布工作。

③ 负责重大活动期间突发事件的舆论应对、引导、监测，信息发布，新闻宣传，新闻发布等工作。

(9) 安保应急工作组

安保应急工作组主要负责重大活动期间重要电力设备的安全保卫和反恐怖防范工作，其主要工作要求如下：

① 负责重大活动期间保电工作相关日常应急管理、应急演练，应急指挥中心、应急救援基干分队以及应急专家队伍的管理，突发事件预警与应急处置的协调等工作。

② 负责保电相关安全保障和疫情防控，确保电力调度大楼的安全保卫、消防安全和公共卫生安全。

③ 组织开展重大活动期间风险监督和隐患排查工作，督促做好各类突发事件防范准备，负责突发事件抢修工作现场的安全监督管理。

3 风险评估与隐患治理

3.1 引　　言

近年来，随着中国市场经济的快速发展，重大政治、经济、社会活动越来越多。据统计，仅2013年国网无锡市供电公司就完成4起一级保电、138起二级保电工作。保电工作意义重大，一旦发生停电事件，将会对活动造成难以预料的后果。如2007年墨尔本第12届游泳世锦赛跳水比赛突发停电事故，比赛中止半小时，大热门俄罗斯队痛失金牌后反应强烈；2012年12月24日南京新街口商业圈突发停电事故，持续2小时，造成街头秩序混乱。这些停电事故不仅给参赛人员、群众等造成重大心理影响，还有可能造成混乱，影响国家形象。

为进一步深化"安全第一、预防为主、综合治理"的安全生产方针，实现重大活动电力安全保障的系统化、科学化、标准化以及精细化管理，提高重大活动电力安全的可靠性，电力机构及其相关单位应建立电力安全保障风险评估体系，制定相关隐患排查治理措施，有效防范重大活动期间各类电力事故的发生。

3.2 保电双控工作机制

保电双控即风险评估和隐患排查治理。构建风险评估和隐患排查治理双重预防体系，是落实党中央、国务院关于建立风险管控和隐患排查治理预防机制的重大决策部署，是实现纵深防御、关口前移、源头治理的有效手段。其核心理念是运用PDCA循环管理模式(简称PDCA模式)与过程方法，系统地进行风险点识别、风险评估与管控措施的确定，进行过程控制并做到持续改进。

3.2.1 PDCA模式

PDCA模式是美国质量管理专家沃特·阿曼德·休哈特(Walter A. Shewhart)首先提出的，由戴明采纳、宣传，得到普及，所以又称戴明环。PDCA分别代表计划、执行、检查与处理。PDCA模型流程图如图3.1所示。作为循环管理模式的一种表现形式，在保电工作时，管理者可以严格按照保电需求，根据突发情况做出动态改变，规避工程项目缺陷以及经济效益亏损。

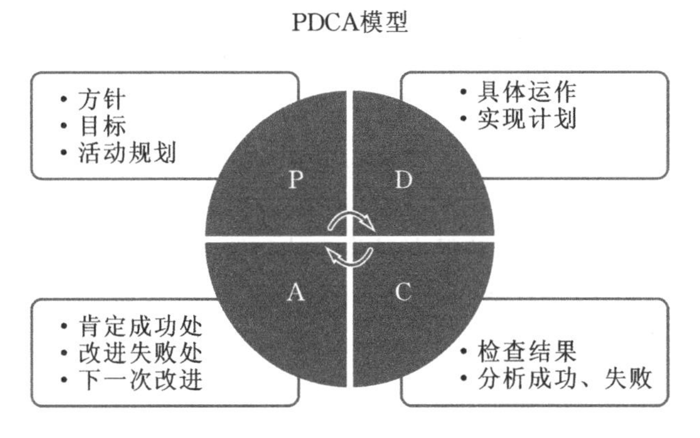

图 3.1 PDCA 模型流程图

P(计划阶段):计划阶段作为重大活动保电工作 PDCA 管理模式的初始阶段,要求保电责任单位立足于重大活动保电工作实际情况,结合当地政府和群众的具体情况,制订科学合理的管理计划及其方案内容。

D(执行阶段):在执行阶段过程中,保电责任单位管理人员应该根据实际保电情况,对当前流程以及技术落实等情况进行动态把握,对重大活动保电工作相关的不足问题进行科学性调整。

C(检查阶段):检查阶段作为确保保电工作质量的重要阶段,要求保电责任单位勇于承担主体责任,坚持落实 PDCA 管理模式要求,及时发现保电工作建设期间的相关漏洞及隐患,并根据其表现形式以及成因情况,采取针对性措施加以预处理。

A(处理阶段):处理阶段是 PDCA 模式的后续工作阶段,作为一个循环式、动态式的管理模式,该阶段意味着下一环的开始,保电工作责任方应对计划的实施情况以及现场反映问题进行归纳总结,根据本次保电工作经验,为下次保电工作做好充分准备。

3.2.2 工作机制

危险源是事故发生的根源,隐患是事故产生的条件。传统的安全生产标准化是以隐患排查治理为核心,较少涉及危险因素的辨识,但做好电力安全保障工作,必须从危险源管理入手,在保障过程中实施有效的隐患排查治理,二者缺一不可。因此,要通过行政管理和技术管理,实现风险可控和隐患消除,建设风险评估和隐患治理"双机制"管控体系,实现"前馈控制"与"反馈控制"的有机结合。双控系统工作模式见图 3.2。

"双控体系"的建设和有效运行,不仅仅要实施危险辨识和风险评价、隐患排查和治理,还必须确保实施过程中诸要素对体系运行的有效支撑。

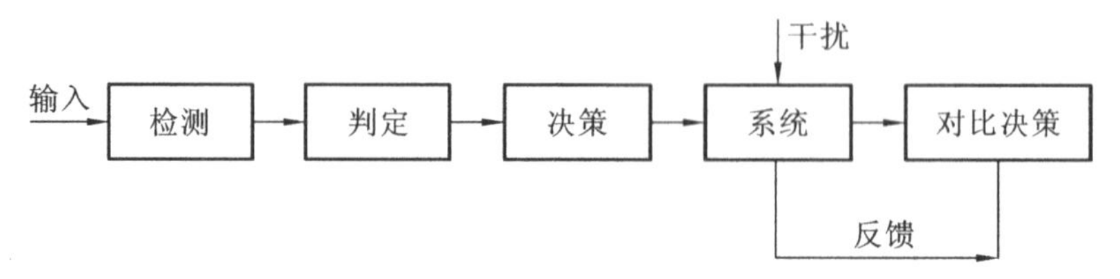

图 3.2 双控系统工作模式

保电责任单位应建立重大活动保电风险评估和隐患治理双重预防机制。重大活动前，应组织对重点设备、场所、环节开展风险评估，有针对性地做好风险识别、分级、监视、控制工作，保证风险管控和隐患排查治理所需要的人力、物力、财力，对发现的问题及时进行处理，应重点做好以下几点工作。

1. 切实重视最高管理者的安全承诺

风险评估与隐患治理双控体系能否成功实施，取决于最高管理者领导下的组织各个层次和职能的各项活动，为了保证体系运行有效，要求组织履行“领导的作用和承诺”，明确组织的最高管理者在体系有效性、方针、目标、战略、沟通、预期结果、风险、分配职责和权限，以及促进组织持续改进等方面所应承担的角色和应发挥的重要作用。风险评估与隐患治理双控体系对遵守法律法规和操作规程的要求贯穿其运行始终，法律法规、操作规程既是对重大活动保电工作的保障，也是对违法行为、违规作业的约束。

2. 全面做好危险源辨识和风险评价，实施风险预先管控

危险源是指生产经营单位在生产经营活动中因具有固有危险有害因素而可能导致人员伤害或疾病的设施、设备、装置或场所，固有危险有害因素是危险源的本质属性。危险源是根据其对安全生产的危害程度确定的，企业各级部门要建立风险信息管理体系；完善安全风险评估机制；利用风险评估技术，以安全风险辨识与管控为基础，对辨识出的固有危险有害因素、派生危险有害因素采用安全风险评估方法确定危险程度，根据引起事故发生的可能性和事故的严重程度确定风险等级，通过行政与技术手段落实管控方案，科学合理地进行重大活动保电工作管理。如果可能，要做到安全消除危害或消灭危害源；如果不可能消除，应努力降低风险。利用技术进步，改善控制措施，将技术管理与程序控制结合起来，引入计划的维护措施，把各类风险控制在可接受范围内。风险管理时，可以采用安全调查表法(SCA)、危险与可操作性分析(HAZOP)、故障类型与影响分析(FEMA)等方法对生产过程进行风险辨识。

要对重大活动保电工作进行全面风险辨识与评价，并明确可能产生的危险征兆信号(险兆信息)。在进行危险源控制时，应遵循首先要消除危险源，其次是降低风险，将采用个体防护装备作为最终手段的原则。制定管控措施层级选择如下：①消除，即通过改变设计消除危险源；②替代，即用低危害物质替代危险源，降低风险；③采取工程

控制措施；④采取标示、警告或管控措施；⑤采用个体防护装备。在作业过程中，要对生产要素进行全过程监控，对作业人员监控跟踪，实现全过程、全方位、全要素管理。风险管控与隐患排查治理的流程见图 3.3。

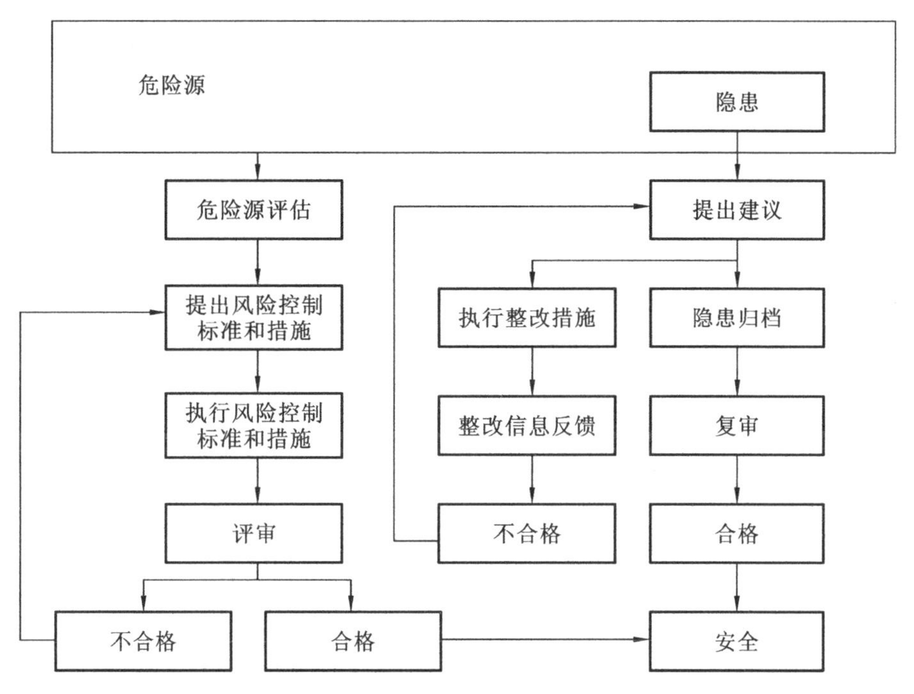

图 3.3　风险管控与隐患排查治理

3. 对生产运行中的隐患进行有效治理

隐患是指生产经营单位因违反安全生产法律、法规、规章、标准、规程和安全生产管理制度的规定，或者因在生产经营活动中存在其他因素而可能导致事故发生的物的危险状态、人的不安全行为和管理上的缺陷。我国一直推行以安全生产责任制、隐患排查、监测监控和作业规程为核心内容的安全生产标准化管理体系。该体系通过强制推行安全生产标准化工作，企业安全生产状况显著改善，生产事故明显减少。但是，重特大事故依旧时有发生，小事故难以有效避免。要完善隐患排查治理体系，以隐患排查和治理为手段，企业要根据行业隐患分级排查标准，制定符合本单位生产特点的生产安全事故隐患分级和排查治理标准，树立“隐患就是事故”的观念，建立健全隐患排查治理制度，认真排查风险管控过程中出现的缺失、漏洞和风险控制失效环节，并向相关监管部门汇报，实行“自查、自改、自报”闭环管理。明确企业员工在隐患排查工作中的职责，推动企业全员参与、自主排查隐患，落实企业在安全生产工作中的主体责任，坚决把隐患消灭在事故发生前。

4. 有效实施应急管理

在应急管理中，一方面，应保证隐患排查治理措施到位，实施隐患排查治理闭环管理，明确时限，责任到人，做到项目、措施、人员、资金、时间、预案"六落实"，将应急隐患消灭在"萌芽"状态；另一方面，加强危险源辨识，认真开展重大危险源排查、风险评估、监测预警与控制管理，建立重大危险源档案，制定应急救援预案，全过程掌握安全生产动态。通过隐患排查治理与风险评估两者的有机结合，实现双机制管控。

表 3.1 所示为某电力企业"双控"体系建设工作实施方案。

表 3.1　某电力企业"双控"体系建设工作实施方案

某电力企业"双控"体系建设工作实施方案
为进一步夯实安全生产基础，推进安全生产风险分级管控与隐患排查治理双重预防控制体系（以下简称"双控"）建设。为确保完成 2021 年"双控"体系建设目标任务，按照《关于"双控"体系建设工作实施方案》的通知要求，特制定本公司"双控"体系建设工作实施方案。具体如下： 一、指导思想 坚持以习近平新时代中国特色社会主义思想和党的十九大精神为指导，切实把思想认识统一到习近平总书记重要讲话精神上来。进一步增强"双控"体系建设责任感和紧迫感，牢固树立"四个意识"。以更加有力的工作、更加过硬的措施，强力推进"双控"体系建设。 二、工作目标 1. 公司各部门负责人掌握"双控"体系规范化建设的相关知识，具备组织开展风险辨识、评估和管控工作的能力。 2. 进一步建立健全安全风险分级管控和隐患排查治理的工作制度。完善落实安全风险的辨识、评估、分级、管控和事故隐患排查、上报、整治、注销等管理各环节的职责，完善管理措施。 3. 定期分析研究公司"双控"体系建设有关情况，及时解决工作中出现的问题。确保完成既定的工作目标和任务，筑牢企业安全生产屏障。 三、实施方案 （一）动员部署 1. 成立组织机构（2021.4.30 前） 为加强"双控"体系建设工作的组织领导，确保取得实效，成立"双控"体系建设领导小组，对工作进行全面组织、指导、检查监督，地点设在三楼综合办公室。 组长：×× 副组长：××× 成员：×× 2. 召开动员会议（2021.5.6—2021.5.10） 召开由各部门负责人参加的动员会，对"双控"体系建设工作进行全面部署。动员会议召开后，各部门负责人要把会议精神传达到全员，并根据本方案要求，结合本部门、本专业领域，研究制定本部门的活动方案，明确负责人，方案要做到切实可行。

续表 3.1

3. 制定专项工作方案(2021.5.17—2021.5.20)

根据统一部署,研究制定本公司“双控”体系建设的工作方案。确定工作内容、工作步骤、保障措施。认真落实“双控”体系建设工作的统一安排。

(二)集中攻坚(2021.6.1—2021.12.31)

1. 全面开展风险辨识

各部门按照《安全生产风险分级管控与隐患排查治理双重预防控制指南》,参照“双控”体系建设方案,结合本部门岗位实际情况,逐一对设备设施、工器具、原料物品、作业场所等进行安全风险辨识。摸清本部门岗位安全风险情况后,逐一登记建档,逐一进行标识。

2. 制定安全管理制度

各部门根据安全风险辨识结果,对容易引发事故、有较大危险的生产设备及作业岗位,按照使用要求、安全规程要求,制定科学合理的安全作业管理制度和防护措施,明确风险管控责任,规范岗位人员作业行为,有效管控风险和预防事故。

3. 彻底排查治理安全隐患

各部门对各岗位逐一进行一次摸底排查,摸清危险因素情况,按照安全生产监管分级登记建档,并持续有效地执行各项管控措施、开展隐患排查工作。强化完成情况的达标考核,对达不到运行标准的要督促其整改。

4. 分级分类监管

各部门对生产状况进行整体评估,确定本部门整体安全风险等级。安全风险等级从高到低划分为重大风险、较大风险、一般风险和低风险,分别用红、橙、黄、蓝四种颜色标识。推行企业安全风险点分级分类监管,各部门针对不同风险等级的风险点,确定管理检查频次,实行精准化动态监管。对红色风险等级风险点每年检查不少于 4 次,每季度检查不少于 1 次;对橙色风险等级风险点每年检查不少于 3 次;对黄色风险等级风险点每年检查不少于 2 次;对蓝色风险等级风险点每年检查不少于 1 次。

5. 加强员工岗位应急培训

各部门负责人针对员工岗位工作实际,组织开展应急知识培训。提升一线员工第一时间化解险情和自救互救的能力,开展从业人员岗位应急知识教育和自救互救避险逃生技能培训。确保每位员工都掌握安全风险的基本情况和防范、应急措施。

6. 加强督导考核

公司将对各部门“双控”体系建设情况进行专项督导。督导员工严格对照工作目标和相关标准,认真学习、借鉴其他部门的经验,确保完成公司“双控”体系建设。

对“双控”体系建设责任不落实、组织不得力、推动效果差甚至被动应付的部门,将通报批评。公司将加大“双控”体系建设在年度考核中的权重,对落实差的部门给予通报批评。

四、总结上报(2021 年底)

各部门要在年底前,对“双控”体系建设工作进行总结,并报到“双控”体系建设领导小组办公室。

××电力技术有限公司

2021 年××月××日

3.3 保电风险评估

3.3.1 评估内容

保电责任单位应结合实际开展重大活动保电风险评估，其评估内容主要包括：

(1) 电网运行风险评估：随着人类社会对电力的依赖程度不断增大，电网运行的安全稳定越来越受到广泛关注，面临的潜在风险也越来越多，调度运行任务变得更加复杂繁重。为了确保电网安全稳定运行，需要对影响主配网安全稳定运行的主要因素和环节进行评估，首先应分析造成电网运行风险的因素，然后根据地区电网具体情况，评估各种因素发生的概率。造成电网运行风险的因素众多，在分析时一定要立足地区电网的具体情况；不同的环境下元件的工作寿命、故障率都不相同，因此风险发生的概率也不相同，只有考虑了地区具体因素后，我们计算的风险值才会更加准确。

(2) 设备运行风险评估：设备是组成电网系统的基础，也是导致电网故障的基本因素。设备又可细分为发电机组设备、变压器、母线及附属设备、输电线路、直流一次设备及二次设备等，二次设备又包括继电保护设备、电网通信设备、调度自动化设备等。设备运行风险评估是对输电、变电、配电设施的健康状况、运行环境等进行评估，通过对电网历史统计数据进行数理统计分析和总结，来评估风险发生的概率。导致电网设备停止运行的原因如下：设备本身运行故障等因素导致设备停运，如设备老化或者使用年限到期，还有制造缺陷等；外部因素导致设备停运，如恶劣的环境因素、树木生长的遮挡、操作人员的误操作、场地施工的碰撞等。

(3) 电网技术安全风险评估：电网技术安全风险评估将风险细分为继电保护技术风险、安全自动控制系统风险、直流偏磁风险、调度与检修技术风险。继电保护装置作为电网中重要的故障报警装置，承担着电网风险及故障预警的重要任务，因此继电保护技术风险是电网安全风险的重要指标。其他指标包括直流偏磁对变压器的影响、调度运行安全技术风险评估、针对自然灾害的技术风险评估等。

(4) 电力设施保护和反恐怖防范风险评估：对电力设施和反恐怖防范重点目标的人防、物防和技防措施进行评估。比如对电力设施安全保护长效机制，落实重要设备、关键部位的人防、物防和技防措施，防止外力破坏、盗窃、恐怖袭击等因素影响保电工作等方面开展风险评估；对警企联动、专群联防和企业自防机制，加强与当地公安部门的联系，开展打击盗窃、破坏电力设施违法犯罪行为专项行动和保电设施安保反恐隐患排查整治工作的能力进行评估。

(5) 应急能力评估:对应急预案、应急演练、应急队伍、应急装备、物资储备等方面的情况进行评估。比如评估应对设备故障、恶劣天气的应急预案是否有效,评估开展应急演练、抢修队伍准备、备齐备品备件和抢修物资的能力,以及评估能否做到信息畅通、响应迅速、处置果断。

(6) 用户侧安全风险评估:对重点用户设备状况、运行管理、自备电源、应急处置能力等方面的情况进行评估。

(7) 网络安全风险评估:对重要网络、重要应用系统、门户网站、电子邮件及网络边界等方面的安全状况进行评估。评估是否严格落实网络安全管理制度和责任;按照国家和行业网络与信息安全保障要求,加强网络安全关键信息系统基础设施保护,成立保障组织机构;制定网络安全保障专项方案和应急预案,明确目标任务,细化措施要求,开展预案培训演练。评估能否防范网络安全重大风险,防止发生重大网络安全事件和确保重要信息系统安全稳定运行;全面开展网络安全隐患排查整改和风险评估,针对网络安全保障组织机构、监控值守、等级保护备案及测评情况、物理安全、边界安全、网络安全、应用安全、主机安全、终端安全、数据安全、应急响应与灾难恢复等方面的工作开展检查,发现问题及时整改。对于短期内不能立即整改的网络安全隐患,强化风险管控,制定专项防控措施和应急预案,并提前发布预警通知。

3.3.2 评估方法

近年来,电力公司正在采取各种方法来保证电力系统的安全稳定运行。最初阶段,基本是采用确定性的准则和方法来评估电力系统的安全稳定性,例如电力系统安全稳定运行必须满足的准则等。这种确定性准则有一些固有的缺陷,例如不能反映系统的连锁故障情况,不能考虑故障后网络结构变化的不确定性影响,以及不能体现设备故障的概率、属性等。而电力系统风险评估则在一定程度上克服了上述缺陷,例如考虑了继电保护的不正确动作、断路器的不正确动作等不确定性因素的影响。根据电力系统安全风险评估的发展过程,可以将电力系统安全风险评估的方法分为三类:基于可靠性理论的安全风险评估方法,基于风险管理的安全风险评估方法,基于人工智能等新理论的安全风险评估方法。

1. 基于可靠性理论的安全风险评估

该方法首先是要建立元件的失效模型,根据失效概率和后果确定风险指标,它一般包含四个方面的内容:①确定元件停运模型;②选择系统失效状态并计算它们的概率;③评估所选择状态的后果;④计算风险指标。电力系统一次设备是电能传输和分配的重要元件,而元件停运是系统失效的根本原因。如何正确建立元件失效模型和选择系统的失效状态是该评估方法的重点,目前选择系统状态的方法主要有:解析法、蒙特卡罗模拟法及两者相结合的方法。

解析法(即状态枚举法)的特点是尽可能地列举出系统的各种故障状态,并按照合适的准则逐个进行选择,然后评估所选择状态的后果,最后计算系统的风险指标。该方法的物理概念十分清晰,理论上可以较好地模拟系统的各种故障状态。但电力系统非常复杂,故障状态数非常庞大,因此该方法在实际应用中会遇到计算量过大的问题,并且难以模拟多重故障的情况。因此,目前解析法只适用于模拟一些简单的规模小的系统。针对以上缺点,许多专家学者都在研究减少计算量的方法,如减少故障数、截断概率、对故障进行分类等,取得了一定的成果。

蒙特卡罗模拟法是一种随机模拟数学方法,它首先建立一个概率模拟或随机过程,通过概率抽样来模拟系统的运行状态,根据样本的统计特征计算系统风险指标。只要有足够的样本,就可以比较真实地模拟系统的各种状态,包括多重故障情况,同时避免了计算量过大的问题,因此它在一定程度上克服了解析法的缺点,比较适合规模大的系统。但该方法本身也有一些缺陷,如收敛速度比较慢、增加样本不一定能减小误差等,从而导致计算精度与计算时间之间的矛盾,以及物理概念不清晰等。为此,国内外学者提出了一些能在一定程度上克服以上不足的方法,主要有重要抽样法、分层抽样法、控制变量法等。

从以上分析可以看出,基于可靠性理论的评估方法在物理层面上可以较好地模拟系统的状态,并且可以通过潮流计算得出精确的系统故障后果。但不足之处在于很难真实地模拟人为、自然灾害等不确定性因素的影响,且一些方法存在计算精度与计算时间之间的矛盾。

2. 基于风险管理的安全风险评估

基于风险管理的电力系统安全风险评估通常是将定性与定量分析相结合的综合评价方法。定性分析通常是建立评估模型及评估指标(包括定性指标和定量指标)的过程,这就要求评估者非常熟悉被评估对象(系统)的属性、特点,并且需要考虑外在的各种因素的影响。定量计算通常是选取相应的实际数据并计算各项评估指标,对一些定性的指标需要先将其定量化,最后根据各项指标计算出评估目标的数值(系统的风险)。该方法往往需要根据专家经验来确定定性指标的取值,并且所建立的评估模型要便于实际操作,目前主要采用以下几种安全风险评估方法:故障树分析法、层次分析法、模糊数学法等。

故障树分析法是研究系统故障事件(顶事件)原因的常用方法,以顶事件为出发点,分析引起顶事件的各种原因,画出它们之间的逻辑关系图,该方法构建的故障树模型结构和层次清晰,便于分析影响顶事件的各种因素。

故障树分析法示意图如图 3.4 所示。

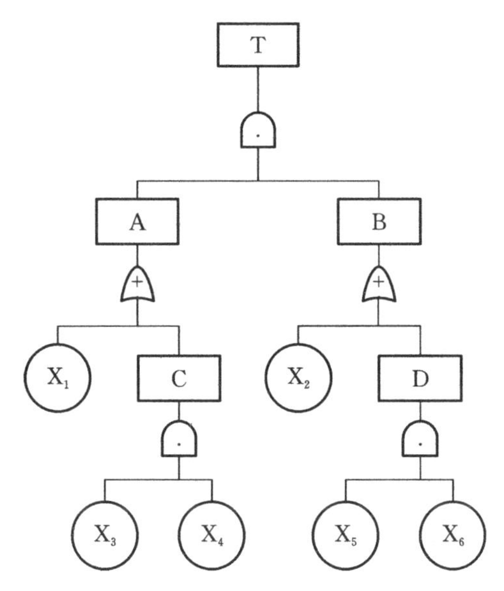

图 3.4 故障树分析法示意图

层次分析法是美国萨蒂教授提出的一种定性分析和定量分析相结合的系统安全分析方法。该方法通过明确问题、建立层次分析结构模型、构造判断矩阵、层次单排序和层次总排序五个步骤，计算各层次构成要素对于总目标的组合权重，从而得出不同可行方案的综合评价值，为选择最优方案提供依据。其运用的关键环节是建立判断矩阵，判断矩阵是否科学、合理直接影响评价结果的客观性。

层次分析法结构示意图如图 3.5 所示。

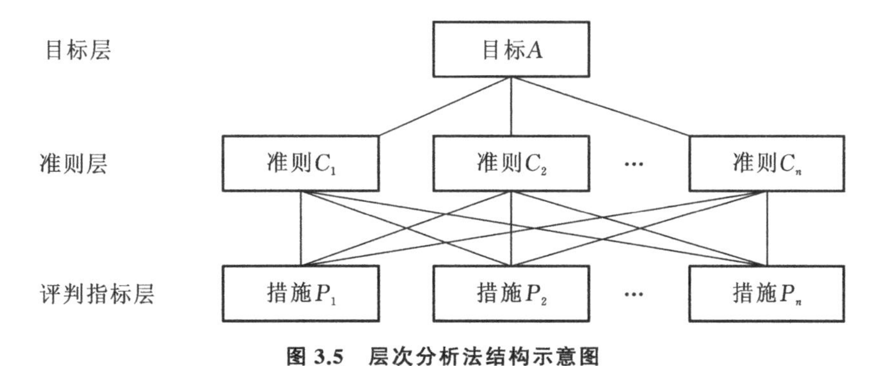

图 3.5 层次分析法结构示意图

模糊数学法便于将存在模糊性的定性指标定量化，这是它的一个较大的优点，但其缺点是难以克服评价过程中的部分主观因素的影响。此外，还有灰色理论方法，其基本原理是从有限的离散数据中找出规律，并根据数据序列的相似性来判断评估指标之间的联系程度。

基于风险管理的电力系统风险评估方法的不足之处在于很少考虑系统的物理结构，且在确定指标权重的时候受主观因素的影响。但该方法可以很好地将定性与定量分析结合起来，有利于充分发挥专家经验，并且便于电力企业在管理上应用。

3. 基于人工智能等新理论的安全风险评估

近年来，人工智能等新理论发展迅速，各种新的算法也在不断完善，基于这些新理论、新方法的电力系统风险评估的研究也受到了专家学者的青睐。部分学者对模糊神经网络在电力系统风险评估中的应用进行了深入分析(图 3.6)，如优化第一道防线的性能，并在此基础上建立了连锁故障风险评估的模型和评估指标，从而在预防连锁故障的发生方面具有指导意义。当然新的一些方法虽然在某些方面发展和完善了风险评估理论，但与实际应用还有一定的距离。

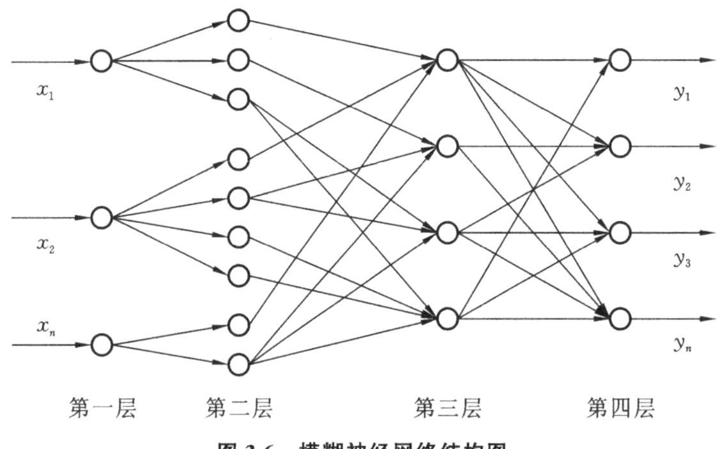

图 3.6　模糊神经网络结构图

3.3.3　保电风险评估流程

首先要向系统中录入基础数据，包括各个电气节点的信息，如变压器、输电线、开关和发电机等。在此基础上构成网络拓扑，形成电网模型，此时电网模型为动态模型，其相关节点信息也包括了其此刻的运行状态，如变压器负荷、断路器开关状态等信息。

其次要设置故障概率影响因素，分析天气因素、用户的用电等级因素等，最终形成主导预想故障集合，计算每一个故障状态发生的概率值；考虑备用自投的失负荷分析，计算失负荷的风险值，对地区电网进行潮流计算，得到支路过载风险值与电压越限风险值，直至故障状态列举完毕。

最后综合计算系统的风险指标，输出风险结果。

风险评估流程图如图 3.7 所示。

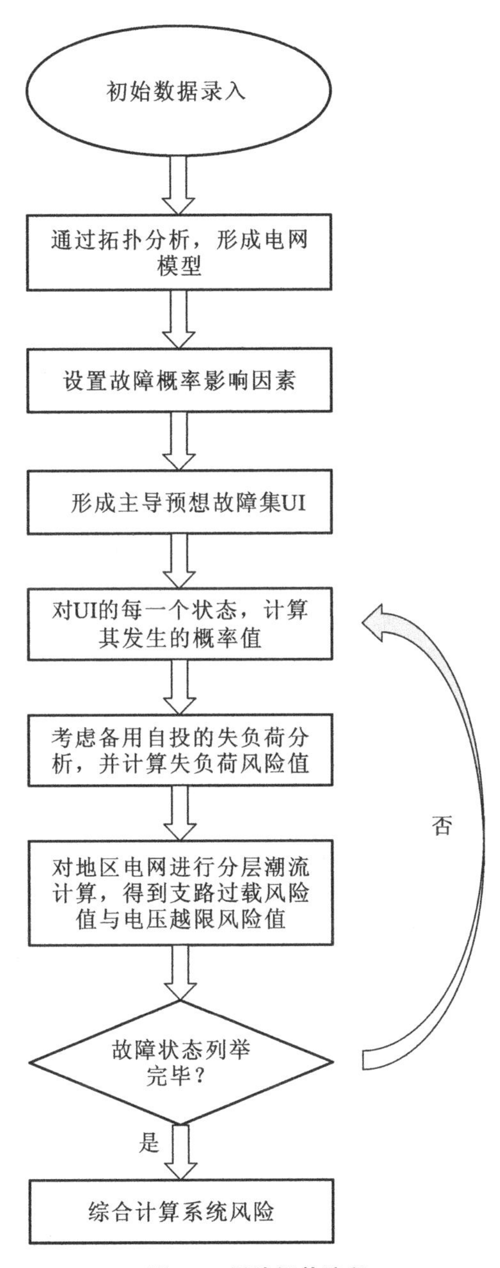
初始数据录入
通过拓扑分析，形成电网模型
设置故障概率影响因素
形成主导预想故障集UI
对UI的每一个状态，计算其发生的概率值
考虑备用自投的失负荷分析，并计算失负荷风险值
对地区电网进行分层潮流计算，得到支路过载风险值与电压越限风险值
故障状态列举完毕？
否
是
综合计算系统风险

图 3.7 风险评估流程

4 网络安全保障

4.1 部署原则

重大活动电力安全保障应严格落实网络安全管理制度和责任，落实"安全分区、网络专用、横向隔离、纵向认证"的总体防护原则，加强关键信息基础设施保护，结合实际制定网络安全保障专项工作方案和应急预案，成立保障组织机构，明确目标任务，细化措施要求，组织预案演练，做好宣传动员，防范网络安全重大风险，防止发生重大网络安全事件，确保重要信息系统、电力监控系统安全稳定运行。

4.2 边界安全防护

4.2.1 边界防火墙

网络边界是指不同网络之间的边界线，网络边界区域负责转发来自其他网络的相关数据流量，因此网络边界安全防护在整个网络的安全部署中扮演着至关重要的角色，优秀的边界安全防护可以减少来自第三方网络的威胁，同时可以提供网络边界双向数据流的监控信息。网络边界安全防护对全网安全意义十分重大。信息内网与源网荷网络边界安全防护见图4.1。

根据《电力二次系统安全防护总体方案》相关规定，电力企业在不同安全等级的网络之间必须进行安全防护，从而确保电力企业网络信息系统的安全性、数据完整性及可靠性，通过划分不同的安全区域（安全Ⅰ区、安全Ⅱ区、安全Ⅲ区、安全Ⅳ区）实现网络边界安全防护。安全Ⅰ区和安全Ⅱ区使用防火墙完成横向隔离，安全Ⅱ区和安全Ⅲ区通过正反向隔离装置实现横向隔离。

防火墙主要部署在不同区域之间，所以良好的安全分区原则是部署防火墙的前提。不同网络具有不同的安全等级差异，从而进一步划分出不同分区。防火墙设备通过设定安全策略对数据流量进行有效控制。安全等级的高低会带来一些问题，例如安全等级低的区域因安全控制较弱因而引入较高风险和隐患，如果与其他分区的互联互通没有限制，则会使得安全风险不断扩大。对分区间的互联互通应进行合理管控，通常在区域边

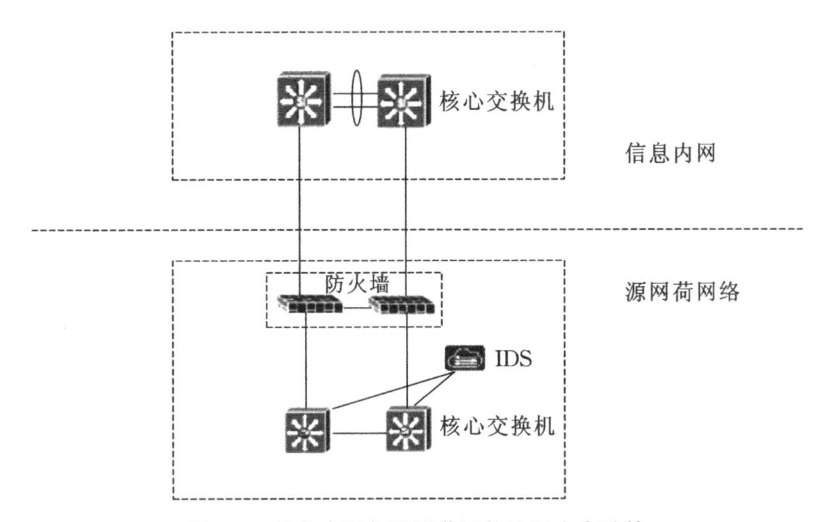

图 4.1 信息内网与源网荷网络边界安全防护

界部署防火墙来实现对数据流量的有效控制，识别攻击流量和正常流量，保证正常流量通过，有效阻断攻击流量，从而实现网络边界的数据交换安全可控。

4.2.2 入侵监测

随着网络攻击技术的不断提高，防火墙无法发现隐藏在允许通过的流量中的应用层攻击，可以根据预先设定的安全策略，通过入侵防御设备(IDS)引擎来深度感知并检测流经的数据流量，逐个报文进行深度检测(协议分析跟踪、特征匹配、流量统计分析、事件关联分析等)。通过入侵防御设备的防护功能实现对网络攻击的有效防御，对网络外部攻击行为进行有效的控制隔离。根据完整的工作日志来对网络的安全隐患进行修复，入侵防御设备的检测引擎采用协议分析、模式识别、统计阀值和流量异常监视等综合技术手段来判断入侵行为，可以准确地发现并阻断各种网络恶意攻击，通过构建统计性攻击模型和异常包攻击模型全面防御多种攻击行为。

通常将 IDS 设备灵活地挂在接入、汇聚或核心交换机旁，通过有针对性的镜像流量进行应用层威胁检测。IDS 采用旁路部署，只检测流量不防御，可以收集网络上各种事件，作为安全管理的参考。IDS 设备通常支持单双向流量检测，推荐将来回双向流量均镜像给 IDS 检测，以提高检测率。通过入侵防御设备的部署，有效保障了重要业务数据安全性。

4.2.3 堡垒主机

随着网络规模越来越庞大，各种支撑系统和账号数量不断增加，原有的账号口令、权限认证、审计管理措施已不能满足电力行业业务发展的要求。面对系统和网络安全性、IT 运维管理和 IT 内控外审的挑战，如何提高系统运维管理水平、降低运维成本、提供控制和审计依据已经成为越来越困扰人们的问题，这些问题可通过部署堡垒主机来解决。

堡垒主机的统一运维审计平台，使得安全管理人员可以对支撑系统的用户和各种资源进行集中管理、集中权限分配、集中审计，从技术上保证业务支撑系统安全策略的实施，保障业务支撑系统安全、高效地运行。

堡垒主机可以集中管理和控制核心业务系统、主机、数据库、网络设备等 IT 资源的账号、认证、授权和审计。

4.3 网络信息安全防护

4.3.1 存在问题

(1) 不同的网络之间没有严格进行等级划分

根据《电力二次系统安全防护总体方案》，电力企业对于不同安全等级的网络必须要进行安全等级的划分。在纵向上，电力企业需要实现实时监控系统之间的互联。各个自动化系统与地调系统之间都是通过载波进行单向数据转发，而部分基层电力企业都没有实现网络化的数据传输，同时在主站与厂站之间也没有实现光纤载波双通道。在横向上，要求能够实现实时监控系统与非实时监控系统之间的相互连接。根据当前的互联网现状与通信现状，电力企业主要还存在着这些问题：①单向数据的传输难以实现真正意义上的数据共享，同时在与非实时系统之间的接口上也没有进行标准数据接口的建设。②部分电力企业没有利用 MPLS VPN 技术组建数据调度网，没有满足相关的安全要求。③上下级的调度之间没有部署必需的认证加密装置。

(2) 网络安全防护能力难以满足要求

随着信息技术的发展与电力企业自身业务的发展要求，网络安全越来越受到重视，但是现有的网络安全防护能力明显不足，缺乏有效的管控手段，同时管理水平也需要提高。电力企业缺少一套完善的服务器病毒防护系统，有一些地市、县局都是使用的省公司统一部署的趋势防毒软件，有的甚至还采用的是单机版的瑞星、江民、卡巴斯基等防病毒软件，相对而言，防护能力还有所不足。当受到攻击时，容易出现系统瘫痪。同时还没有能够建立起一套完善的数据备份恢复机制，如果数据受到破坏，所受到的损失将难以估量。没有一套完善的网管软件，难以对一些内部用户的过激行为进行有效的监管，例如 IP 盗用、冲突，滥用网络资源(BT 下载等)，等等。电力企业还没有建立起一套完善的评测和风险评估制度，对当前网络安全现状难以进行有效的评估。同时，我国也缺乏专业的评测机构，这就使得电力企业网络安全风险与隐患都难以被及时发现和进行有效的防范，使得电力企业的防范能力难以得到持续增强。

(3) 电力企业服务器存在安全隐患

在电力系统中有着众多的服务器。随着网络攻击手段与攻击技术的不断更新，拥有众多服务器的电力系统成为攻击的首选对象。电力企业中的服务器主要包括数据库服务器、应用服务器、Web服务器、算费服务器、银电联网服务器等,其存在着严重的安全隐患:①电力企业的网络中,每一个服务器都拥有自己独立的认证系统,但是这些服务器缺乏统一的权限管理策略,管理员难以进行统一的有效管理。②Web服务器和流媒体服务器长期遭受到来自互联网的DDOS以及各种病毒的侵袭。③邮件服务器受到大量的垃圾邮件的干扰,难以进行有效的信息监管,经常会发生企业员工通过电子邮件来传递企业的机密信息的安全事件。④权限划分不明确,容易受到来自外部黑客的攻击,例如通过SQL注入、脚本注入、命令注入等方式来窃取数据库中的机密数据。⑤与总公司服务器通信过程中有些机密信息由于没有采取加密措施,很容易被窃听而泄密。

(4) 各种恶意网页所带来的网络安全威胁

电力企业拥有自己的网站,并通过互联网与外网相连。人们从互联网中搜索对自己有用的信息,但并不是所有的网页都是安全的,有一些网站的开发者或黑客会为达到某种目的对网页进行修改,当电力企业员工通过内部网络访问这些网页时,就会受到来自恶意网页的攻击。

(5) 设备本身与系统软件存在漏洞

电力企业的信息化建设较早,很多设备与软件都出现了各种安全漏洞。信息网络自身在操作系统、数据库以及通信协议等方面存在安全漏洞和隐蔽信道等不安全因素;存储介质损坏造成大量信息的丢失、残留信息泄密,计算机设备工作时产生的辐射电磁波造成信息泄密。信息网络使用单位未及时修补或防范软件漏洞、采用弱口令设置、缺少访问控制以及攻击者利用软件默认设置进行攻击,是导致安全事件发生的主要原因。

4.3.2 防护措施

(1) 进行网络安全风险评估

电力企业要解决网络安全问题不能够仅仅是从技术上进行考虑,技术是安全的主体,但是却不能成为安全的灵魂,而管理才是安全的灵魂。网络安全离不开各种安全技术的具体实施以及各种安全产品的部署,但是现在市面上出现的安全技术、安全产品实在是让人感觉眼花缭乱,难以进行选择,这时就需要进行风险分析、可行性分析等,对电力企业当前所面临的网络风险进行分析,并分析解决问题或最大程度降低风险的可行性,对收益与付出进行比较,看有哪些产品能够满足电力企业网络安全的需要,同时还需要考虑到安全与效率的问题。对于电力企业来说,搞清楚信息系统现有的以及潜在的风险,充分评估这些风险可能带来的威胁和影响,是实施安全建设必须首先解决的问题,也是制定安全策略的基础与依据。

(2) 构建防火墙

防火墙是一种能有效保护计算机网络安全的技术性措施,包括软件防火墙与硬件防火墙两类。防火墙能够有效地阻止网络中的各种非法访问,构建一道安全的屏障,对于信息的输入、输出都能够进行有效的控制。可以在网络边界上通过硬件防火墙的构建,对电力企业内网与外网之间的通信进行监控,并能够有效地对内网和外网进行隔离,从而能够阻挡外部网络的侵入。电力企业可以配置“防火墙+杀毒软件”来对内部的服务器与计算机进行安全保护,同时还需要定期进行升级。为了防止各种意外的发生,需要对各种数据进行定期备份。

(3) 加强对计算机病毒的预防控制

计算机病毒的防治是网络安全工作的主要组成部分,对电力企业的网络安全造成威胁的主要是各种新型的病毒。在电力企业中,需要防范网络病毒的传播,在网络接口和重要安全区域部署防火墙,在网络层全面消除外来病毒的威胁,使得网络病毒不能肆意传播。

预防病毒不能完全依靠病毒的特征码,必须要对病毒发作的整个生命周期进行管理,必须要建立起一套完善的预警机制、清除机制、修复机制,来保障病毒能够被高效处理。防毒系统需要在病毒代码到来之前,就能够通过可疑信息过滤、端口屏蔽、共享控制、重要文件/文件夹写保护等手段来对病毒进行有效控制,使得新病毒进不来,也没有扩散的途径。在网络修复阶段可以高效清除这些病毒,快速恢复系统至正常状态。

(4) 开展电力企业内部的全员信息安全教育和培训活动

安全意识和相关技能的教育是企业安全管理工作中重要的内容,信息安全不仅仅是信息部门的事,它牵涉到企业所有的员工。为了保证企业信息安全,应当对企业各级管理人员、用户、技术人员进行安全培训,减少人为失误造成的安全风险。

开展安全教育和培训还应该注意安全知识的层次性,主管信息安全工作的负责人或各级管理人员,重点是掌握企业信息安全的整体策略及目标、信息安全体系的构成、安全管理部门的建立和管理制度的制定等;负责信息安全运行管理及维护的技术人员,重点是充分理解信息安全管理策略,掌握安全评估的基本方法,对安全操作和维护技术的合理运用等;用户,重点是学习各种安全操作流程,了解和掌握与其相关的安全策略,包括自身应该承担的安全职责等。

计算机网络安全是一项复杂的系统工程,涉及技术、设备、管理和制度等多方面的因素,单一的技术或产品无法完全满足网络对安全的要求,只有将技术和管理有机结合起来,形成一套完整的、协调一致的网络安全防护体系,从控制整个网络安全建设、运行和维护的全过程入手,才能提高网络的整体安全水平。

世界上不存在绝对安全的网络系统,随着计算机网络技术的进一步发展,网络安全防护技术也必然随着网络应用的发展而不断发展。电力系统的信息化应用是随着企业的发展而不断发展的，信息网络安全也是一个动态过程，需要定期对信息网络安全状况进行评估，改进安全方案，调整安全策略。需要强调的是，网络安全是一个系统工程，不是单一的产品或技术可以完全解决的。这是因为网络安全包含多个层面，既有层次上的划分、结构上的划分，也有防范目标上的差别。任何一个产品和技术都不可能解决全部层面的问题，因而一个完整的安全体系应该是一个由具有分布性的多种安全技术或产品构成的复杂系统，既有技术的因素，也包含人的因素。一个较好的安全措施往往是多种方法适当综合应用的结果。一个计算机网络，包括个人、设备、软件、数据等，这些环节在网络中的地位和影响作用，也只有从系统综合整体的角度去看待、分析，才能取得有效、可行的措施。即计算机网络安全应遵循整体安全性原则，根据安全策略制定出合理的网络安全体系结构，这样才能真正做到整个系统的安全。

5 电力设施安全保卫

5.1 安保防恐保障措施

为进一步加强安保和反恐怖防范工作，确保重大活动期间保电形势平稳有序，保证电力系统安全运行，强化电力安全保障和应急能力建设，防止电力系统遭到破坏从而引起负面影响，重大活动举办方、地方政府以及相关单位应按照重要电力设施安全保卫和电力行业反恐怖防范规定和要求制定保电工作安保防恐保障措施，明确重要防护目标的防护区域、范围以及责任，并开展电力调度中心、重要变(配)电站和重要发电厂专项检查，加大重要线路巡护力度。重大活动举办方、地方政府及相关单位应与当地群众等建立健全安全保卫和反恐怖防范协调机制，采取警企联动、专群结合、企业自保等安全防范形式，落实人防、物防、技防措施，建立以人防为中心、物防为保障、技防为重点的安保防恐保障系统。

电网企业和重大活动场所、微电网公司应按照公安等有关部门的要求，开展电力设施反恐怖防范工作，在重大活动举办前向公安等有关部门报告反恐怖防范措施落实情况，遇到有重大情况时及时向当地公安、重大活动举办方及上级领导等有关部门报告。

① 警企联防：电网企业在变电站、电力调度中心等相关电力设施、生产场所周界设置固定、流动岗位，由公安人员与本单位安全保卫人员联合站岗值勤；在重要输电线路沿线，由公安人员、企业专业护线人员、沿线群众等，按照事先制定的保卫方案进行现场值守和巡视检查。

② 专群联防：电网企业应在变电站、电力调度中心等相关电力设施、生产场所周界设置固定、流动岗位，由本单位安全保卫人员站岗值勤；在重要输电线路沿线，由本单位专业护线人员、沿线群众等，按照事先制定的保卫方案进行现场值守和巡视检查。

③ 企业自防：电网企业组织本单位人员，按照事先制定的保卫方案进行现场值守和巡视检查。

保电“反恐演习”如图 5.1 所示，反恐演练如图 5.2 所示。

图 5.1 保电“反恐演习”

图 5.2 反恐演练

5.2 变电站安保防恐

5.2.1 人员配置

重大活动期间涉及的直供及相关变电站，应根据不同的保障任务分类，按需配置安保人员，并每日安排特巡检查。

变电站安保防恐应按三班轮值制配备专职安保人员，每班至少 2 人且应满足平均每个配电室每班 1 人的配置要求。按照一个配电室每班 2 人共 6 人，两个配电室每班 2 人共 6 人，三个配电室每班 3 人共 9 人的标准配备，安保人员在当班期间不得擅离本单位，并应配备呼叫的联络工具。举办重要活动或在重要时间段，对要求确保安全供电的临时性重要用户必须实行两人值班。

5.2.2 装备配置

变电站应沿周界设置实体围墙，实行封闭式管理，周界围墙外沿高度应不低于 2.2 米，上沿宜平直。出入口处应配置能够阻止车辆高速冲撞的隔离栏、隔离墩等防冲撞设施。

变电站安保人员应配备防暴头盔、防刺服、防割手套、电警棍(防暴棍)、盾牌、钢叉、催泪罐、空气呼吸器、防毒面具、防爆毯、灭火毯、防冲撞钉、应急灯、通信器材等防护装备。

5.2.3 技术措施

在变电站内允许情况下，应采用双电源供电，或通过临时敷设线路、配置移动发电设备等方式满足双回路或两路以上电源供电条件。

根据变电站的环境情况应建立监控平台，实时掌控站内治安状况，同时将信号远传至公安机关,实现站内异常情况下警企联动的快速反应。对重要电力设施及周界安装入侵报警系统、出入口控制系统、电子巡查系统、火灾报警系统、安防视频监控系统、图像监控装备等,并开展专项检查,保证其可靠运行。

变电站内供电电源的切换时间和切换方式应满足保安负荷允许断电时间的要求。切换时间不能满足保安负荷允许断电时间要求的,重大活动场所物权所有方应自行采取技术措施解决。

5.2.4 多方管控

针对当前变电站安保防恐工作存在的不足,为确保变电站安保防恐能力提升工作有组织、有计划地开展,由公司安监部牵头,联合相关部门组织制定《变电站安保防恐建设工作方案》,建立安保防恐建设三级组织体系,包括安保防恐建设领导小组、安保防恐建设专业管理组、安保防恐建设责任单位。明确各组织体系在活动方案各阶段的工作重点、工作要求以及时间节点。认真贯彻落实各项安保防恐工作要求,全面落实安保防恐各项措施,确保供电企业电力供应正常稳定,确保不发生维稳安保事件,确保突发事件应急处置有力、有序。

按照《电力行业反恐怖防范标准(试行)》《电力设施治安风险等级和安全防范要求》等要求,完成对公司系统一、二类重要目标专项排查和全面梳理工作。从"人防、物防、技防"三个角度落实管控措施,利用"PDCA"管理工具,全方位排查安保防恐隐患,认真查找整改薄弱环节,及时采取治理防范措施,全面提升变电站安保防恐水平。如图5.3所示为国网铜川公司电力反恐演练。

图5.3 国网铜川公司电力反恐防恐演练

(1)物防管控提升措施

变电站进行物防设施补强,如在220 kV及部分重要的110 kV变电站配置防车辆冲撞系统,其余变电站配置防撞水马,在大门上方加装红外报警装置等。对于变电站现有的物防设施(大门、围墙、电子围栏等),采用一、三、五周报报送模式,及时掌握变电站物防设施隐患"发现、上报、治理、验收"的全过程情况。每周一由运维单位将变电所安防设施问题汇总表上报至安防维保单位及安监部，在汇总表内注明物防设施隐患内容及发现时间。安防维保单位在每周三将隐患消除情况反馈至运维单位及安监部，若不能及时整改则需明确整改的时间节点。运维单位在每周五对已消除的隐患进行验收，确认隐患已消除后，将问题汇总表状态进行更新后反馈至安监部。安监部对安防隐患排查治理各个环节进行管控，实时掌握隐患消除情况，对未及时处理的隐患下发督办单，责令限期整改，确保物防设施隐患整改按期完成。

(2) 技防管控提升措施

对运行年限较长的变电站进行技防设施补强，确保所有变电站正大门、围墙周界均安装有高清摄像头，实现站内监控全覆盖，录像可清晰识别进出人员体貌特征和机动车车牌，且在本地硬盘和服务器上保存时间在 30 天以上。为进一步提升技防水平，充分发挥其安保作用，在变电站保安室内安装图像监控显示屏，同时开展保安人员的监控操作培训工作。保安人员除进行日常巡视工作外，也可通过图像监控显示屏查看变电站大门、围墙内外情况，有利于保安人员第一时间发现变电站周边异常情况和突发事件。

在所有变电站均安装 110 联网报警装置，为防止 110 报警装置对供电企业系统内网电话造成影响，装置需通过独立的电话线与 110 报警中心进行通信连接。每月定期一次对一键报警功能进行测试，确保装置正常使用。当发生需要紧急报警的情况，安保人员按下 110 联网报警按钮，报警信息及变电站定位将立即传递至 110 报警中心，民警会在第一时间赶来处置险情。部分变电站所处地域人烟稀少，道路复杂，一键报警功能同时也避免了保安人员报警时对地点位置讲述不清的问题。

(3) 人防管控提升措施

强化变电站安保人员力量。变电站保安配备个人装备六件套(警棍、催泪喷射器、头盔、强光手电筒、防割手套及武装带)，要求保安值勤期间随身携带装备。站内每 2 人配备 1 套防爆盾牌和钢叉，个别重要变电站可配备防爆毯。进一步编制完善《变电所安防设施保安巡视日志》，明确保安人员安保执勤要求、巡视时间点及巡视频次，要求安保人员 24 小时定期对变电站安防设施进行巡查，并做好相应的记录。如遇当地重大保电活动，可根据电压等级、供电区域等情况在重要变电站临时增加保安，配备警犬。

提升变电站安保人员安保防恐实战能力。根据每个变电站不同特点，编写《安保应急处置手册》(简称一站一册)，打印成册下发至每一个站点。安保人员严格执行安保制度，且熟练掌握应对各类突发事件的处置流程。供电企业应定期联合公安部门开展变电站安保防恐应急联动无脚本演习，努力达到快速、有序、高效地应对突发事件，将突发事件造成的影响降到最低，确保重要客户的正常电力供应。

强化变电站安保人员日常监督。联合保安公司成立安保机动队，对变电站开展安保巡查。公司安监部每周给安保机动队制订巡查计划，重点对安保人员当天的在岗情况、穿着是否规范，以及对人员进出变电站履行身份核查和登记情况进行检查，检查采用视频照片记录、签字确认等形式，定期将检查记录递交至安监部，对制度执行不到位的安保人员，由安监部负责落实考核。安保机动队不定期对变电站安保人员进行防恐测试，强化安保人员安保防恐意识，提升安保人员日常防恐能力。

5.3 架空输电线路安保防恐

5.3.1 人员配置

重大活动期间一类保障任务中特级、一级用户的直供架空输电线路，应按需配置安保防恐特勤人员，并开展不间断巡视。一类保障任务中特级、一级用户的相关架空输电线路，二类和三类保障任务的所有架空输电线路，均不配备安保防恐特勤人员。

5.3.2 装备配置

应结合线路运行环境特点，在输电线路上积极采用、推广使用成熟先进的物防设施。架空输电线路安保特勤巡视人员应配备警棍、头盔、手电筒、防刺背心、防刺手套、帐篷、被褥、手机、棉大衣、暖水瓶和服装等。

5.3.3 技术措施

在电网外力破坏多发线路、重要输电通道、重点保障线路和铁塔安装监控镜头，运用先进的输电线路监控技术和信息化手段，建立输电网实时运行状态监控平台。主要措施如下：

(1) 建立政企、警企、企业与企业联动机制

通过政企、警企、企业与企业的联动，将已颁布的《中华人民共和国电力法》《电力设施保护条例》和《电力设施保护条例实施细则》等法律法规切实落地实施。当发现隐患、故障时有法可依，有法可行，保障电力设施安全运行。

(2) 优化输电线路巡视工作

人工巡视已经不能满足现有线路巡视的基本要求，机器代替人工巡视模式已经成为大势所趋，但目前新的技术还不能满足当前线路状态巡视的要求，所以建议从以下几方面过渡：

① 整理输电线路台账。输电线路的台账是线路开展工作的基础，完整和真实的台账可以提高巡视线路工作的效率。通过对台账的认真梳理，确定线路杆塔导线的基本情况，不仅有利于目前工作，也可以为以后的工作开展提供参考。

② 在台账完整真实的基础上，对线路危险区域进行评级，对于预测无风险区域，如高

山无竹木隐患区域，应该放宽巡视周期；对于预测风险一般的区域，如竹木、山火风险区域，应根据风险性质适当安排巡视，并尽早排除风险；对于预测风险较大的区域，应加强巡视，并辅助以可视化、视频智能预警监测设备，并尽早排除风险；对于预测风险特大区域，如正在施工的道路、线路保护区内建房，应安排专人驻点巡视看守，并辅助以可视化视频智能预警监测设备。对于跨越通航河流、道路、新建城镇化区域等未知隐患区，应安装可视化视频智能预警监测设备。对于有季节性的外力破坏隐患，应制定节气表，按照不同节气的特点开展工作。

③ 对于任何风险都要签订安全告知书，作为电力设施保护宣传的手段和对风险进行控制的依据。

(3) 做实电力设施保护宣传

从源头做起，开展电力设施保护宣传进校园、进企业、进现场。宣传手段要多样化，通过义务巡线员介绍、投放广告、主动上门讲课等，让电力设施保护意识宣传活动进入人民群众的日常生活，发动人民群众共同维护电力设施安全。

(4) 在设计阶段做好把控

在进行新线路设计时，尽量考虑避开环境、气候、地质等对输电线路运维的不利影响因素。对于已有线路存在隐患的，应做好备用处理设计方案。运行维护单位应积极参加设计评审，根据运行维护经验向设计单位提出建议。

(5) 进一步加强群众护线工作机制

输电线路运行维护最大的难题是线路、杆塔分布点多、面广，特别是大部分设施要经过有人区域附近，如果能根据输电线路分布，将群众护线工作网格化，健全群众护线激励机制，再对护线员进行有组织、有规模、有针对性地设施保护培训，群众护线员队伍即可成为防外力破坏的一支“奇兵”。

6 配套电力工程建设

6.1 配电系统配置

6.1.1 重大活动场所供电电源配置

1. 电源选择

特级重大活动场所应采用双电源或多路电源供电；一级重大活动场所应采用双电源供电；二级重大活动场所应采用双回路供电；对不具备上述条件的场所，须与组委会有关部室、各市区执委会、各项目竞委会协商，督促重大活动场所物权所有方采取改造用电设施、建设临时电力工程、租赁应急电源和微电网系统等方式，提高供电可靠性。

2. 重大活动场所供电电源配置原则

重大活动场所的供电电源一般包括主供电源和备用电源。供电电源应依据其对供电可靠性的需求、负荷特性、用电设备特性、用电容量、对供电安全的要求、供电距离、地区公共电网现状、发展规划及所在行业的特定要求等因素，通过技术、经济两方面比较后确定。

电压等级和供电电源数量应根据其用电需求、负荷特性和安全供电准则来确定；物权所有方应根据其用途特点、负荷特性等，合理配置保电措施；在公共电网无法满足重大活动场所的供电电源需求时，重大活动场所物权所有方应根据自身需求，按照相关标准自行建设或配置独立电源。

3. 重大活动场所供电电源配置技术要求

重大活动场所应采用多电源、双电源或双回路供电，当任何一路或一路以上电源发生故障时，至少仍有一路电源能对保安负荷供电；临时性重大活动场所按照活动的重要性，在条件允许的情况下，应采用双电源供电，或通过临时敷设线路、配置移动发电设备等方式满足双回路或两路以上电源供电条件。

重大活动场所供电电源的切换时间和切换方式应满足保安负荷允许断电时间的要求，切换时间不能满足保安负荷允许断电时间要求的，重大活动场所物权所有方应自行采取技术措施解决。

重大活动场所供电系统应简单可靠，简化电压层级，供电系统设计应按《供配电系统设计规范》(GB 50052—2009)执行;对电能质量有特殊需求的重大活动场所物权所有方,应自行加装电能质量控制装置;双电源或多路电源供电的重大活动场所,应采用同级电压供电,但不应采用同杆架设或电缆同沟敷设供电。

6.1.2 重大活动场所应急电源配置

在重大活动期间,根据供电可靠性和负荷敏感性需求,重大活动场所物权所有方应配置 UPS、电源车、飞轮储能电源车或固态切换开关等防闪动自备应急电源装备,装备容量应与实际负载相匹配。自备应急电源应满足《重要电力用户供电电源及自备应急电源配置技术规范》(GB/Z 29328—2018)的相关要求。

重大活动应急电源选择见图 6.1。

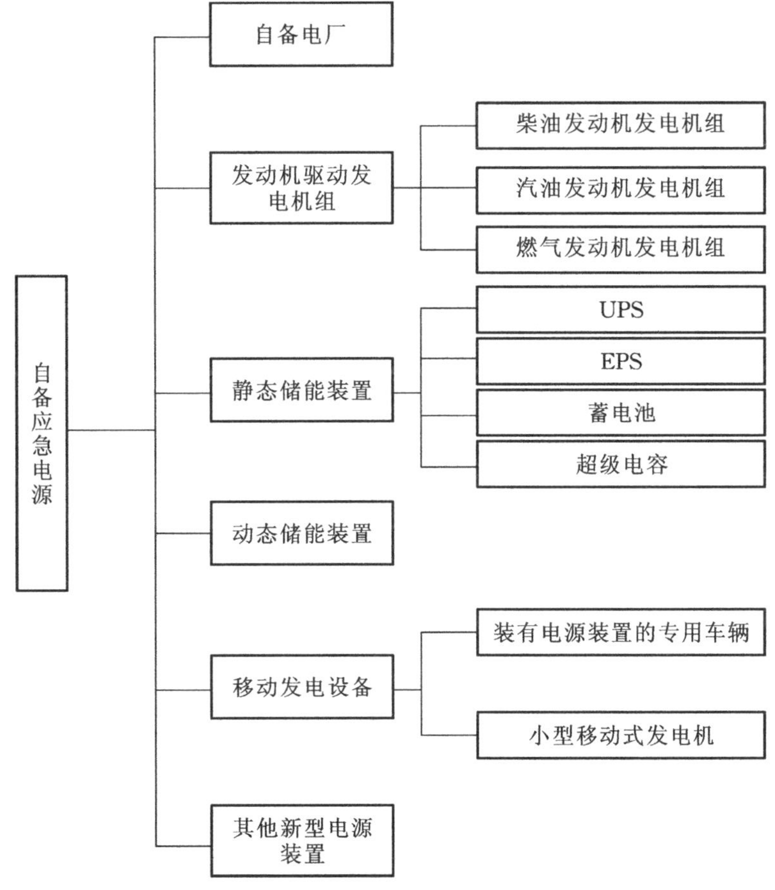

图 6.1 重大活动应急电源选择

1. 自备应急电源配置原则

重大活动场所应具备外部应急电源接入条件,有特殊供电需求的活动场所及临时重大活动场所,应配置外部应急电源接入装置。

自备应急电源，电源容量至少应满足全部保安负荷正常启动和带载运行的要求，且应与供电电源同步建设、同步投运，可设置专用应急母线。

自备应急电源的配置应依据保安负荷的允许断电时间、容量、停电影响等负荷特性，综合考虑各类应急电源在启动时间、切换方式、容量大小、持续供电时间、电能质量、节能环保、适用场所等方面的技术性能，同时符合国家有关安全、消防、节能、环保等相关技术标准的要求，并配置闭锁装置，防止向电网反送电，从而选取适合的自备应急电源。

2. 自备应急电源配置技术要求

(1) 允许断电时间的技术要求

保安负荷允许断电时间为毫秒级的，应选用满足相应技术条件的静态储能不间断电源或动态储能不间断电源，且采用在线运行方式；保安负荷允许断电时间为秒级的，应选用满足相应技术条件的静态储能电源、快速自动启动发电机组等电源，且具有自动切换功能；保安负荷允许断电时间为分钟级的，应选用满足相应技术条件的发电机组等电源，可采用自动切换装置，也可以手动的方式进行切换。

(2) 自备应急电源需求容量的技术要求

自备应急电源需求容量达到百兆瓦级的，重大活动场所物权所有方可选用满足相应技术条件的独立于电网的自备电厂作为自备应急电源；自备应急电源需求容量达到兆瓦级的，重大活动场所物权所有方应选用满足相应技术条件的大容量发电机组、动态储能装置、大容量静态储能装置(如 EPS)等自备应急电源，如选用往复式内燃机驱动的交流发电机组，可参照《往复式内燃机驱动的交流发电机组　第一部分：用途、定额和性能》(GB/T 2820.1—2009)的要求执行；自备应急电源需求容量达到百千瓦级的，重大活动场所物权所有方可选用满足相应技术条件的中等容量静态储能不间断电源(如 UPS)或小型发电机组等自备应急电源；自备应急电源需求容量达到千瓦级的，重大活动场所物权所有方可选用满足相应技术条件的小容量静态储能电源(如小型移动式 UPS、储能装置)等自备应急电源。

(3) 持续供电时间和供电质量的技术要求

自备应急电源持续供电时间及质量要求见表 6.1。

表 6.1　自备应急电源持续供电时间及质量要求

持续供电时间要求	供电质量要求	自备应急电源选用
标准条件下 12 h 以内	要求不高	选用满足相应技术条件的一般发电机组
标准条件下 12 h 以内	要求较高	选用满足相应技术条件的供电质量高的发电机组、动态储能不间断供电装置、静态储能装置，或采用静态储能装置与发电机组的组合

续表6.1

持续供电时间要求	供电质量要求	自备应急电源选用
标准条件下 2 h 以内	要求较高	选用满足相应技术条件的大容量静态储能装置
标准条件下 30 min 以内	要求较高	选用满足相应技术条件的小容量静态储能装置

在环保和防火等方面有特殊要求的用电场所，应选用满足相应要求的自备应急电源。

3. 自备应急电源的运行

对自备应急电源应定期进行安全检查，进行预防性试验、启机试验和切换装置的切换试验。

(1) 自备应急柴油发电机组的运行、维护和保养要求如下：

① 自备应急柴油发电机组的运维人员应经过操作保养培训和上岗培训；

② 自备应急柴油发电机组应每月空载运行一次，至少每季应带载(不小于 50%的机组额定功率)运行一次，运行时间至少达到机组温升稳定；

③ 自备应急柴油发电机组不宜长时间低负载(＜30%负载)运行，且不宜频繁启停；

④ 自备应急柴油发电机组不宜带负荷运行后马上停机(应急停机除外)；

⑤ 自备应急柴油发电机组的维护和保养时间，应根据柴油发电机组的使用天数、机组运行小时数来确定，或根据自备应急柴油发电机组产品说明书的保养操作规程、机组定期保养计划和定期保养项目进行。

(2) 自备应急 UPS、EPS 的运行、维护和保养要求如下：

① 设备的运行、维护人员应经过操作保养培训和上岗培训；

② 设备的维护和保养时间应根据 UPS、EPS 的使用天数和机组运行小时数来确定；

③ 设备的蓄电池组应根据产品说明书中要求的控制策略进行充放电；

④ 设备应定期进行日常巡检，季度保养和年度保养应按照产品说明书的要求进行；

⑤ 应定期对自备应急 UPS、EPS 电池组进行核对性放电试验；

⑥ 放置自备应急 UPS、EPS 电池组的环境应满足设备的运行要求。

(3) 其他类型的自备应急电源的运行、维护和保养应按相关设备要求进行。

对于需并入公用电网的自备发电机组，应在与电网企业签订并网调度协议后方可并入公共电网运行。签订并网调度协议的发电机组客户，应严格执行电力调度计划和安全管理规定。

(4) 对于重大活动场所的自备应急电源，在使用过程中应杜绝和防止以下情况发生：

① 自行变更自备应急电源接线方式；

② 自行拆除自备应急电源的闭锁装置或者使其失效；

③ 自备应急电源发生故障后长期不能修复并影响正常运行；

④ 擅自将自备应急电源引入,转供其他用户;

⑤ 其他可能发生自备应急电源向公共电网送电的情况。

重大活动场所装设自备发电机组,应及时向电网企业提交相关资料。

6.1.3 高压配电装置与接地装置

高压配电装置应符合《3～110 kV 高压配电装置设计规范》(GB 50060—2008)的配置要求,参照《配电网运行规程》(Q/GDW 519—2010)的要求进行管理。检查人员应主要检查开关柜、断路器、操作机构、接地开关、互感器、避雷器等设备的配置和运行情况。

开关柜需具有可靠的"五防"功能:防止误分、误合断路器;防止带负荷分、合隔离开关(插头);防止带电合接地开关;防止带接地开关送电;防止误入带电间隔。开关柜各种仪表(进线开关指示仪表、出线开关指示仪表及带电显示装置等)应显示正常,并与实际相符。

开关分、合闸位置指示正确,与实际状态相符,弹簧储能指示正常,储能开关在合上位置。电气设备各部件连接点应接触良好,无放电声,无过热变色、烧熔现象。母线排应无变色变形现象,绝缘件无裂纹、损伤、放电痕迹。

电气设备应无凝露,加热器或除湿装置应处于良好状态。

接地网外露的连接点应完整牢固,接到设备外壳上的螺栓应镀锌。接地线地面部分防腐油漆完好,标志齐全明显。预留的专用临时接地线连接点应足够,标志明显。

6.1.4 变压器

变压器应符合《3～110 kV 高压配电装置设计规范》(GB 50060—2008)的配置要求,参照《配电网运行规程》(Q/GDW 519—2010)的要求进行管理。检查人员应主要检查变压器负载率、负荷平衡度、渗漏油、运行声响、异常气味等运行情况,绝缘套管、呼吸器等关键器件,试验报告等记录。检查详细内容见表 6.2。

表 6.2 变压器检查详细内容

变压器检查内容								
总容量:				总台数:				
编号	厂家	型号	容量 (kV·A)	投运 日期	最大 负载率	有无 异响	温度 是否正常	异常 情况
其他说明								

地下室配电房应配置干式变压器，地坪以上的独立配电房可配置油浸式变压器。配电变压器长期工作负载率不宜大于85%。有两台及以上变压器的配电房，当其中任何一台变压器退出运行时，其余变压器的容量应满足一级负荷及二级负荷的用电，并应满足重大活动场所主要负荷的用电。

油浸式变压器的油温和温度计应正常，上层油温一般不高于85 ℃；储油柜的油位应在规定的范围内，各部位无渗油、漏油；干式变压器声音无异常，运行温度应根据其绝缘等级确定，最高温升应小于60 ℃。油浸式变压器套管油色、油位应正常，套管外部无破损裂痕、无严重油污、无放电痕迹及其他异常现象；吸湿器完好，吸附剂干燥，吸附剂的吸潮变色部分不应超过总量的一半。干式变压器套管、绕组树脂绝缘外表层清洁，无爬电痕迹和碳化现象。高、低压套管引线接地应连接牢固，无发热、无裂纹及无放电现象。

变压器音响正常，无其他金属碰撞声；引线接头、电缆、母线应无发热迹象，接触处温度不应超过80 ℃，且三相同一部位温差不得超过30 ℃；变压器的外部表面应无积污；本体、套管、导线上均无异物和悬挂物。紧固件、连接件、导电零件及其他零件无生锈、腐蚀的痕迹，导电零件接触良好。

6.1.5 继电保护及自动装置

重大活动场所高压配电装置的继电保护及自动装置配置应符合《电力装置的继电保护和自动装置设计规范》(GB/T 50062—2008)的要求。检查人员应重点检查进线、母分、出线及配电变压器继电保护。其中10(20) kV配电装置继电保护配置要求如下：

① 进、出线继电保护应配置限时电流速断保护、过电流保护。

② 母分继电保护应配置过电流保护及手动合闸或备自投合闸后加速保护。

③ 配电变压器保护应配置电流速断保护、过电流保护和过负荷保护，容量达到800 kV·A的油浸式变压器应同时配置瓦斯保护。

重大活动场所高压配电装置继电保护及自动装置应按《3 kV～110 kV电网继电保护装置运行整定规程》(DL/T 584—2017)的要求整定，其中10(20) kV配电装置继电保护及自动装置的整定要求如下：

① 重大活动场所内部保护定值及时间应与上级外电源变电站10 kV馈线保护可靠配合。

② 进线保护应与上一级保护定值配合整定，出线保护应与下级配电变压器、出线、母分保护配合整定，母分保护应与进线保护、下级配电变压器、出线速断保护配合整定。

③ 上下电网级配合时，时间配合级差为0.2 s，电流配合系数为1.15倍。

④ 配电变压器保护、电流速断保护按躲过励磁涌流整定；过电流保护整定按躲过变压器最大负荷电流整定，时间定值与上一级保护定值配合。过负荷保护电流定值按变压

器额定电流的1.1倍整定，时间定值一般取6 s。

继电保护定值校验应作为用电安全评价和保供电应急演练的重要组成部分。重大活动场所低压配电装置继电保护及自动装置应按《低压配电设计规范》（GB 50054—2011）的要求配置。电网企业应重点检查进线、母线联络柜及馈电柜继电保护。保电重大活动场所内部低压母线应采用自动切换方式。重大活动期间，切换方式应设为自投不自复。低压配电系统低压脱扣与主网自投设备可靠配合，在无特殊供电需求的情况下，低压脱扣时间整定应不低于5 s。低压脱扣（或无压跳）的欠压动作值取额定电压的50%。

6.1.6 低压配电装置

重大活动场所物权所有方的重要低压负荷，应采用双路市电（一主一备）的接线方式，双路市电来自不同上级电源系统，一路市电应配置应急电源（配电室备用发电机或应急母线），同时在负荷所在位置就近安装固态切换开关SSTS（或双电源切换开关ATS）装置。

重大活动场所特别重要和敏感的低压负荷，应采用双路市电（一主一备）的接线方式，双路市电来自不同上级电源系统，一路市电应配置应急电源（配电室备用发电机或应急母线），同时在负荷所在位置就近安装SSTS（或ATS）和在线式UPS装置。在线式UPS与SSTS（或ATS）配套使用，实现不间断供电。对于活动场所的灯光、大屏、话筒、音响等负荷，低压接线方式应采用多路电源交叉供电方式。

6.1.7 监控与负荷控制设备

特级、一级保电场所应配置监控系统，对重大活动场所配电房及主要配电箱现场视频、环境等信息进行监控。如重大活动场所无监控系统，则物权所有方应预留合适机位及安装位置，并配合电网企业配置监控通信系统。原则上特级保电场所高压配电室应具备“遥测、遥信”及视频功能，对开关状态、电压及电流进行监测。

系统通信优先采用专用无线信号，如现场信号不能达到系统通信要求，则需采用有线通信方式。现场负荷控制装置数据传输应准确，跳闸控制应在保电前24 h退出运行，保电活动全部结束后应立即恢复。

6.1.8 调度管理要求

特级、一级保电重大活动场所物权所有方均应列为电网企业调度户。保电前没有列入调度管理的，电网企业应与其签订临时调度协议，在保电期间纳入调度管理；纳入调度管理的重大活动场所物权所有方应按照调度部门要求配置相关设施。

6.1.9　工器具、备品备件

重大活动场所物权所有方配电房应配置与其设备规模、电压等级等相适应的绝缘手套、绝缘靴、绝缘杆、安全帽、验电器、接地线、万用表、钳形表等在有效保质期内的工器具。

绝缘手套、绝缘靴预防性试验周期为半年；绝缘杆、电容型验电器预防性试验周期为1年；携带型短路接地线、个人保护接地线预防性试验周期为不超过5年；安全帽使用期限：从制造之日起，塑料帽不超过2.5年，玻璃钢帽不超过3.5年。

各类工器具使用及存放应符合《电力安全工作规程》要求，接地线应编号定置管理。

重大活动场所物权所有方应当根据重大活动保电工作需要，储备必要的供配电设施及用电设备的备品备件和应急物资。所有备品备件与应急物资均需登记在册，标明储备品种、数量、使用部位、存放位置等。保电期间，常用备品备件与应急物资须保持随时可调、可用状态。

6.2　配套电力工程建设

配套电力工程是指与重大活动电力安全保障工作相关的永久性或临时性新建、改建、扩建电力工程。举办地省电力公司获知重大活动保电工作后，应组织所属单位与政府相关部门、重大活动举办方确定保电重点用户名单和重要性等级，明确涉及保电的相关站所和输配电线路范围，制定相应的安全防护标准和运维保障措施，开展配套电力工程建设。

第一类保电工作，根据实际需要可规划建设配套电网工程。举办地省电力公司应提前制定专项方案，按规定履行电网滚动规划、项目前期与可行性研究、计划与投资等管理程序后，按照基建程序开展配套电网工程建设。

案例6.1：国网天津市电力公司高标准保障2018夏季达沃斯论坛供电

为做好夏季达沃斯论坛保电工作，国网天津市电力公司投入了2000余人的保电队伍，运用UPS不间断电源、磁悬浮飞轮储能发电车等先进装备增强供电保障能力；采用紫外成像、高频局部放电等先进手段进行3轮次带电检测和4轮次设备特巡，深度排查设备隐患；对21个重点场所和用户进行用电检查服务，协助保电客户完善应急预案，开展应急演练，共同保障“零闪动”。

为确保突发情况下的应急处置，天津市电力公司建立了“编号式、触发式”应急预案体系，细化应急处置程序和响应机制，并联合消防、交通部门开展了达沃斯论坛主会场、接待酒店、交通枢纽、人员密集场所和特高压变电站等场景的供电保障综合应急演练，从涉及保电范围220 kV电网至客户站终端全覆盖，突出电力抢修与消防、治安、轨道交通等公共安全领域协同处置，进一步增强应急响应与协同处置能力。图6.2所示为天津市电力公司高标准保障达沃斯论坛可靠供电现场。

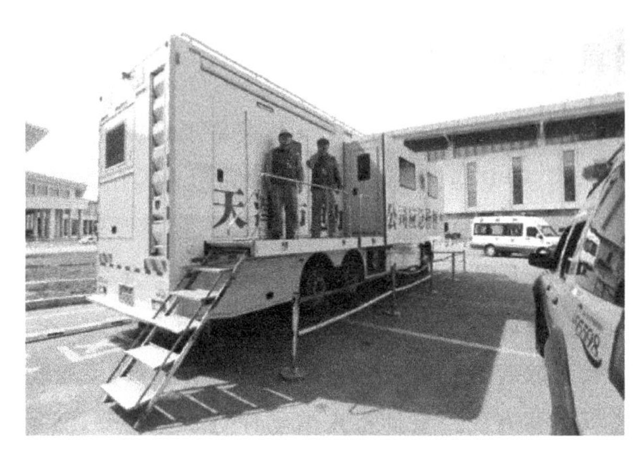

图 6.2　天津市电力公司高标准保障达沃斯论坛可靠供电现场

第二类、第三类保电工作，主要依靠现有电网＋应急电源保障，公司原则上不安排建设配套电网工程。如确有需要，应充分论证必要性，并按规定提前履行电网滚动规划、项目前期可行性研究、计划与投资等管理程序。

案例 6.2：地电柳林分公司两会保电方案	
一、	工作任务和目标
	完善两会保电期间应急预案、应急工作机制，落实各级人员责任，全力保障国家安全、社会和谐稳定，实现“四个零事故”，不发生因停电而引发新闻事件。
二、	组织机构及工作职责
	1. 组织机构 为加强协调领导两会期间应急管理工作有序进行，成立两会保电工作组。 组长：××× 副组长：×××、××× 成员：×××、×××、××× 2. 工作人员职责 ×××：落实相关应急管理法律法规及相关政策，负责两会保电方案领导、指挥和协调工作。 ×××：负责两会期间保障电网设备安全运行方案和应急预案管理工作；确保生产一线和领导之间信息传输。 ×××：负责两会保电期间物资、备品备件准备；协调抢险车辆，保证交通安全。 ×××、×××：保电期间天天电话查询各站设备运行、安全保卫情况，立即掌握生产情况并做好统计，在保电阶段统计工作开展情况、出现的问题等，并做出工作总结。 ×××：依据季节性工作特点和两会期间可预知负荷改变情况制定对策，同时加强无功电压管理，确保电压合格率。对两会保电及迎峰度夏工作中取得的成绩及生产动态进行报道。 ……

三、	两会保电实施要求
	1. 从国家利益、政治影响、社会稳定和企业形象高度出发，提升对此次两会保电重要性的认识，树立大局意识。 2. 对设备进行有效评价，针对两会期间的气候特点，结合设备春检、“百日督查”工作结果，建立对自然灾难、人为破坏和设备突发故障的应急预案，并对预案进行演练和评定，对演练过程要留存影像资料。碰到需处理险情、事故时，应急抢险队赶赴现场时间最长不得超出 1 h。 3. 加强巡视检查、保卫工作。一类站按要求实施警企联合保卫工作，主动和警方责任人取得联络。二类站保电小组站长 24 h 留守，值班人员每隔 2 h 对设备巡视一次；加强门卫管理，对进入变电站的车辆、人员进行严格登记。 4. 准备应急抢险物资。依据需要将抢修应急备品备件准备充足，根据应急预案要求，要配置充足的抢修工器具、仪表仪器、通信器材、事故照明及发电设备，备品备件品种不全或数量不足时应进行补充。
四、	工作进度安排
	××月××日前各站完成对所属变电设备、设施自查，并针对重大隐患制定防范措施；备足抢修物资；成立变电抢修队伍；编制抢修方案；设备维护要责任到人。 进入两会保电阶段，各站根据制定的保电方案，严格遵守值班纪律，强化运行维护，各级保电人员随时待命，发生各类异常等立即按预案进行处理，确保保电期间电网安全运行。

6.3 设备运维与设施保护

为保证电力系统正常运行，保障重大活动电力资源的正常供应，有效保障电力输送质量，重大活动承办方、电力管理部门等相关部门可采取以下措施进行设备运维与设施保护。具体措施如下：

(1) 制定落实保电相关设备运行维护措施，做好向保电重点地区电网送电的输变电设备和向重点用户供电的电网设备的运维检修工作，开展特巡检查，及时消除设备缺陷，做好应急抢险准备，遇有突发事件，按照预定程序迅速响应。

(2) 加强对重污染区、导线易舞动区、鸟害多发区、采矿塌陷区、易受外力破坏区、强风区、树木速长区等特殊区域的监控和巡视，及时清理易被大风吹起的塑料薄膜、危险品等，砍伐危及线路安全的树木，对存在垮塌风险的杆塔基础进行加固，对排水沟进行清理。线路清障如图 6.3 所示。

(3) 充分利用直升机、无人机等装备，开展有关输电设备的特巡、监测；做好直升机参加应急抢险准备，遇有突发事件，按照预定程序迅速响应。例如博鳌亚洲论坛期间由海南电网公司和广东电网公司联合组成的直升机保供电队伍首次亮相，直升机巡视作业人员通过可见光拍摄、激光雷达测绘、红外吊舱测温对琼海局16条共计465.758 km线路开展重点巡视（图6.4）；此外广东电网首次采用大规模固定翼无人机激光雷达排查703 km运行线路安全隐患。

图6.3　线路清障

图6.4　直升机巡视作业

（4）建立电力设施安全保护长效机制，落实重要设备、关键部位和盗窃破坏多发地区电力设施的人防、物防和技防措施，防止外力破坏、盗窃、恐怖袭击等因素影响保电工作。重要设备发生故障时，可根据下列流程进行作业：

① 记录现场事故信息，应包括继电保护及自动装置动作情况和弧光、烟雾、火苗等直观现象；

② 恢复各类光字牌、警示灯、音像等信号指示；

③ 上报事故情况：向供电方和主管部门报告，简要说明事故单位、地址、事故范围及性质；

④ 查找原因：认真检查受电设备，确认本站受电设备无故障；

⑤ 监控重要负荷:增加对重要负荷的电流、开关温度等检查和记录次数,确保重要负荷不因应急供电设备限制而发生二次供电中断现象;

⑥ 待外部电源恢复供电后,及时调整运行方式至正常;

⑦ 事故后期分析,组织有关专家、技术人员和相关生产厂家等分析判断事故成因,提出今后防范措施。电力设施保护工作现场经验交流会如图 6.5 所示。

图 6.5　电力设施保护工作现场经验交流会

(5) 健全警企联动、专群联防和企业自防机制,加强与当地公安部门的联系,开展打击盗窃破坏电力设施违法犯罪行为专项行动和保电设施安保反恐隐患排查整治工作。例如大运会时期广东省公安厅联合广东电网公司共同设立广东省防范和打击涉电力违法犯罪中心,对于守护大运会供电设施安全、保障大运会期间的可靠供电具有重大意义,并且广东省防范和打击涉电力违法犯罪中心在大运会结束后将作为常态机构长期发挥作用。

(6) 按照重大活动电力设施安全保护的工作需要,配置、使用、维护安全器材和防暴装置;对涉及保电的输配电线路、电缆通道、变电站(开关站、配电室)等重要防护目标的防护措施进行检查,确保有效落实,并按要求在重大活动举办前向当地公安部门报告,遇有重大情况及时向公安等有关部门报告。

(7) 加强电力设施保护区内的施工管理,对电力设施保护区内发现的隐患落实责任单位和部门,及时书面汇报给政府有关部门,并督促整改。

(8) 对重要电力设施内部及周界安装入侵报警系统、出入口控制系统、电子巡查系统、火灾报警系统、安防视频监控系统等,并开展专项检查,保证可靠运行。部分技防措施的相关信息见表 6.3。

表 6.3　部分技防措施相关信息

装置	组成	原理	功能
入侵报警系统	主要由前端设备(包括探测器和紧急报警装置)、传输设备、处理/控制/管理设备和显示/记录设备组成	利用传感器技术和电子信息技术探测并指示非法进入或试图非法进入设防区域(包括主观判断面临被劫持或遭抢劫或其他危急情况时,故意触发紧急报警装置)的行为,处理报警信息,发出报警信息	及时勘探不合法入侵,并且在勘探到有不合法入侵时,及时向有关人员报警
出入口控制系统	主要由目标识读部分、管理/控制部分、执行部分、传输部分、相应的管理软件以及云服务器等组成	利用自定义符识别或模式识别技术对出入口目标进行识别,并控制出入口执行机构启闭	智能管理人员进出
电子巡查系统	主要由巡更棒、中文巡检器、通信座(或红外通信线)、巡更点、人员卡(可选)、事件本(可选)、管理软件(单机版、局域版、网络版)组成	将巡更点安放在巡逻路线的关键点上,保安在巡逻的过程中用随身携带的巡更棒读取自己的人员卡,然后按线路顺序读取巡更点,在读取巡更点的过程中,如发现突发事件可随时读取事件本,巡更棒将巡更点编号及读取时间保存为一条巡逻记录。定期用通信座将巡更棒中的巡逻记录上传到计算机中。管理软件将事先设定的巡逻计划同实际的巡逻记录进行比较,就可得出巡逻漏检、误点等统计报表,通过这些报表可以真实地反映巡逻工作的实际完成情况	帮助管理者了解巡更人员的表现,而且管理人员可通过软件随时更改巡逻路线,以配合不同场合的需要

续表6.3

装置	组成	原理	功能
火灾报警系统	主要由触发装置、火灾报警装置、联动输出装置以及具有其他辅助功能的装置组成	火灾发生时，安装在保护区域现场的火灾探测器将火灾产生的烟雾、热量和光辐射等火灾特征参数转变为电信号，经数据处理后，将火灾特征参数信息传输至火灾报警控制器，或直接由火灾探测器做出火灾报警判断，将报警信息传输到火灾报警控制器。火灾报警控制器在接收到探测器的火灾特征参数信息或报警信息后，经报警确认判断，显示报警探测器的部位，记录探测器火灾报警的时间。处于火灾现场的人员，在发现火灾后可立即触动安装在现场的手动火灾报警按钮，手动报警按钮便将报警信息传输到火灾报警控制器，火灾报警控制器在接收到手动火灾报警按钮的报警信息后，经报警确认判断，显示动作的手动报警按钮的部位，记录手动火灾报警按钮报警的时间。火灾报警控制器在确认火灾探测器和手动火灾报警按钮的报警信息后，驱动安装在被保护区域现场的火灾警报装置，发出火灾警报，向处于被保护区域内的人员警示火灾的发生	辨识火灾并第一时间通过相关人员发出报警信息，减少人员和财产损失
安防视频监控系统	一般由前端设备、传输设备、控制设备及显示记录设备组成	利用视频技术探测、监视设防区域，并实时显示、记录现场图像	远程视频监控设防区域，并可远程发出控制指令，保存本地录像

(9) 重要变电站、调度大楼等生产场所实行分区管理和现场准入制度，对出入人员、车辆和物品进行安全检查。

(10) 做好事故预想，制定设备故障、恶劣天气等应急预案，开展应急演练，做好抢修队伍准备，备齐备品备件和抢修物资，做到信息畅通，响应迅速，处置果断。

7 用电安全管理

7.1 运行管理

7.1.1 一般要求

运行管理一般要求为：

① 电网企业与重大活动场所物权所有方应依法签订供用电合同；

② 电力设施的运行维护管理范围按产权归属确定，电力设施产权分界点以供用双方签订的供用电合同为依据；

③ 重大活动场所应建立电气设备运行、检修和试验制度，编制电气设备安全检查和维修工作计划，落实各项防止事故的措施；

④ 重大活动场所应建立电气工作人员的安全、技术培训制度，新设备投入运行前，应对电气工作人员进行培训；

⑤ 重大活动场所应定期开展隐患排查治理工作；

⑥ 重大活动场所应按照《建设工程施工现场供用电安全规范》(GB 50194—2014)、《施工现场临时用电安全技术规范》(JGJ 46—2019)等相关要求加强临时用电管理。

7.1.2 重大活动场所运行管理制度

重大活动场所物权所有方应根据国家、行业有关规定，结合本单位实际情况，制定运行管理制度。由电网调度部门统一调度的重大活动场所，其运行管理制度还应遵循调度管理的有关规定。

重大活动场所物权所有方应建立运行管理制度，包括：工作票、操作票管理；值班管理；门禁管理；巡视检查；设备验收；设备缺陷及故障管理；运行维护；运行分析；设备预防性试验；其他。

7.1.3 重大活动场所物权所有方电气工作人员配备

重大活动场所物权所有方值班人员的组成：场所变、配电所(室)值班人员由场所电气管理人员(由场所确定相关人员担任值班负责人)和有资质的进网作业电工组成。值班人员职责见表 7.1。

表 7.1　值班人员职责

值班人员	职责
值班负责人	熟知调度规程，熟悉场所电力设施状况； 熟知配电房运行管理等制度，熟知反事故措施及事故预案； 负责统一协调组织场所电气运行工作，负责永久设施部分各种运行制度的建立和落实
有资质的进网作业电工	能熟知调度规程，详细了解场所内部电气设备运行方式、接线方式，负责其日常检查。 熟知低压设备的接线方式及运行方式，各负荷分布和使用情况，低压保护定值，自动装置投切原理（低压母联自投、低压末端自投或互投等），低压系统保护配置等；了解和熟悉发电机的状况和操作，负责其日常检查。 准确配合值班负责人开展各项电气运行工作，熟知反事故措施及事故预案，并对值班负责人负责

值班人员基本要求：经医师鉴定，无妨碍工作的病症（每两年至少体检一次）；值班人员应持有国家相关部门颁发的资质证件，具备专业技能和实践经验，且按工作性质，熟悉安全规程相关部分，并经考试合格；具备必要的安全生产知识，学会紧急救护法，特别要学会触电急救。

重大活动场所物权所有方应联合电网企业，共同检查重大活动期间的电气值班人员配置情况。特级保电场所总配电室及重要区域配电室应安排全天 24 h 值班，每班不少于 2 人，且明确其中 1 人为运行值长。特级保电时段，总配电室每班不少于 3 人，分配电室每班不少于 2 人，涉及重要负荷的供配电设施应配置专职值班电工。专职值班电工不得从事与现场保电无关的工作。

对于未设置集控站或监控中心的重大活动场所，35 kV 及以上电压等级的变电站应安排全天 24 h 专人值班，每班不少于 2 人，且应明确其中 1 人为值长；10 kV 电压等级且变压器容量在 630 kV·A 及以上的配电室应安排全天 24 h 专人值班，每班不少于 2 人，并明确其中 1 人为值长；10 kV 电压等级且变压器容量在 630 kV·A 以下的应安排专人值班。不具备值班条件的，应每日巡视。

7.1.4　重大活动场所电气设备运行维护

重大活动场所物权所有方应规范开展日常运行管理，并应符合以下规定：

① 按照运行管理制度,应建立值班日志制度,每天记录设备运行状态、班次轮换、工作交接及倒闸操作任务等事项;

② 按照《电力安全工作规程　电力线路部分》(GB 26859—2011)、《电业安全工作规程　发电厂和变电站电气部分》(GB 26860—2016)、《电力设备预防性试验规程》(DL/T 596—2005)及巡视检查制度的要求,根据季节、环境特点及设备运行情况等安排设备的检查和维护,并加强运行情况分析;

③ 应登记并记录处理设备巡视中发现的缺陷情况。

重大活动场所物权所有方应对供配电设施开展日常维护管理,日常维护管理应包括电气设备预防性试验、保护定校及设备维护。电气设备预防性试验、保护定校工作应符合《电力设备预防性试验规程》(DL/T 596—2005)和《继电保护和电网安全自动装置检验规程》(DL/T 995—2016)的要求,试验报告应由有资质的试验单位出具。检查人员应检查重大活动场所电气设备预防性试验报告和继电保护校验报告。针对预防性试验、保护校验发现的设备缺陷,应按照闭环管理要求、限期整改缺陷管理制度规定,限时完成整改。

重大活动场所电气设备标识应清晰、完整、正确,并与模拟图板、自动化监控系统、运行资料等保持一致。重大活动场所物权所有方应根据设备的具体情况配备足够的备品备件和工器具。

重大活动场所物权所有方对于危急缺陷应立即处理;对于严重缺陷应及时采取措施或消除,防止造成事故;对于一般缺陷应加强运行监视,制订计划限期处理,并应定期检查设备缺陷处理情况,做好设备消缺记录。

对于经技术鉴定不能满足安全运行条件的设备,重大活动场所物权所有方应立即进行更换。重大活动场所物权所有方对于符合下列情况的设备应进行更换:① 设备运行年限超过生产厂家承诺的使用年限;② 设备关键零部件在市场中已无备品备件或等效替代品。

重大活动场所变(配)电站应配备最新版本的相关标准、规程以及图纸、图表、记录、设备台账等技术管理资料。对于新建、改造、大修后的电气设备,投入运行前应按《电气装置安装工程电气设备交接试验标准》(GB 50150—2016)的要求进行交接试验;对于运行中的电气设备,应按照《电力设备预防性试验规程》(DL/T 596—2005)的要求定期进行预防性试验。

继电保护及安全自动装置的调试、校验应按《继电保护和电网安全自动装置检验规程》(DL/T 995—2016)的规定执行,并应由具有相应资质的单位进行。

低压系统采用互投、自投或自投自复接线时,低压主进线开关及母联开关应定期进行传动试验。

7.1.5 电能质量

重大活动场所的电能质量指标应符合《电能质量　公用电网谐波》(GB/T 14549—1993)、《电能质量　供电电压偏差》(GB/T 12325—2008)、《电能质量　电压波动和闪变》(GB/T 12326—2008)、《电能质量　三相电压不平衡》(GB/T 15543—2008)的要求,对已投入运行的、对电网电能质量的影响超过国家标准的设备,应限期改造或更换。

7.1.6 重大活动场所事故预防与处置

重大活动场所物权所有方应编制及定期修订电力事故预案,并根据预案定期开展演练。一旦发生电力事故,应按照事故预案开展事故处理,对于需要供用双方联合处理的事故,应按相关规定联合处理。

重大活动场所发生影响电网的事故或出现异常时,应及时告知电网企业,并配合开展电力事故调查及处理工作。电力事故处理应按照产权归属原则确定电力事故处理的主体。供用电双方在事故处理过程中的责任界定,按照国家法律规定及双方签订的供用电合同确定。

7.1.7 电网企业电力调度

参加统一调度的重大活动场所物权所有方,供用电双方应签订调度协议。属于电网企业调度范围内的设备变更接线时,应修订调度协议和保电工作方案。具有两路及以上电源进线、自成独立系统的重大活动场所物权所有方,应设置电力调度机构,制定相应的规章制度,配备相应的调度人员。

参加统一调度的重大活动场所应安排全天 24 h 值班,装设专用直拨电话,电气值班人员须有权接受调度指令。对调度机构发布的调度指令,受令人应严格执行。当受令人认为执行该项命令将威胁人身、设备安全或直接造成事故时,应将理由报告调度机构。受令人无正当理由不得延误或不执行调度指令。

7.1.8 重大活动场所电气管理制度及应急预案管理

重大活动场所物权所有方应当根据电力安全保障工作需要,明确工作目标,制定重大活动期间运行管理制度、应急预案、非电性质保安措施等,明确活动期间用电设施操作要求、巡视检查规定,自备应急电源运行方式,保证用电安全。

重大活动场所物权所有方应制定完善的岗位责任制度、值班制度、交接班制度、巡视检查制度、电气设备定期修试制度、缺陷管理制度、保卫(消防)工作制度、倒闸操作和停送电联系制度等,所有制度均应方便值班人员查阅,并上墙张贴。张贴内容包括:

① 岗位责任制度，应明确电气值班人员岗位配备、岗位职责、在岗人数、当值时间等相关事项；

② 值班制度，应明确值班时间、值班班次、工作内容、联系网络、日志管理等相关事项；

③ 交接班制度，应明确交接班方式，包括交接时间、交接工作内容；

④ 巡视检查制度，应明确巡视检查范围、巡视检查周期、问题处理流程、结果记录等相关事项；

⑤ 电气设备定期修试制度，应明确电气设备定期修试范围、修试周期、操作流程、问题反馈流程、结果记录等相关事项；

⑥ 缺陷管理制度，应明确缺陷管理范围、缺陷收集与处理方式、过程跟踪与结果反馈流程、结果记录等相关事项；

⑦ 保卫(消防)工作制度，应明确配电房的消防设施、器材按规定配备、存放、定期检查的要求，配电站房及消防通道存(堆)放易燃易爆物品和杂物的要求，以及防火措施、配电房出入及保卫登记要求等相关事项；

⑧ 倒闸操作和停送电联系制度，应明确人员安排要求、联系网络、工器具准备内容、设备操作步骤、操作注意事项、过程与结果记录等相关事项。

重大活动场所物权所有方应当编制停电事件应急预案，开展应急培训和演练，提高应对突发事件的处置能力。停电事件应急预案应包含用电基本信息、应急组织机构、应急联系网络、重要负荷分布、人员安排、备品备件、应急处理方式与流程等内容。

当外部电源发生故障时，重大活动场所物权所有方和电网企业应密切配合，按照“安全第一、快速反应、统一指挥、协同配合、先期处置、保证重点”的原则启动相应的应急预案，组织人员按照产权归属和职责分工完成相关应急处置。除结合重大活动举办方彩排等进行应急综合演练外，特级保电场所还应开展电力保障专项联合演练。

7.1.9 设备预防性试验

重大活动场所物权所有方可自行选择有试验资质的单位，按国家和行业标准开展电气设备预防性试验。

重大活动前重大活动场所物权所有方必须开展专项超声波、地电波局部放电检测，直供电缆线路完成 OWTS(电缆振荡波局部放电测试)试验工作，直供架空线路完成接头测温工作。

在重大活动前，结合重大活动场所物权所有方用电高峰，开展全负荷测试和传动试验。全负荷维持时间一般不少于 30 min，全负荷试验时应同步测量和记录电气连接点温度和环境温度；在试验周期内已由有资质单位试验合格，且未进行变动、未发生电气事故、未出现异常的设备，重大活动场所物权所有方应收集相关信息和试验报告，填报《电气设备专项试验免试申请表》(表 7.2)，经举办方审核同意后，可免于重复试验。

表 7.2　电气设备专项试验免试申请表

<table>
<tr><td>申请单位</td><td colspan="3"></td></tr>
<tr><td>户名</td><td></td><td>户号</td><td></td></tr>
<tr><td>地址</td><td colspan="3"></td></tr>
<tr><td>保电级别</td><td colspan="3"></td></tr>
<tr><td colspan="4">我单位已于　　年　　月　　日完成以下电气试验(打钩项)
一、高压进线电缆
绝缘电阻试验(　)振荡波局放试验(　)超声波局放试验(　)红外热像检测试验(　)
二、高压出线电缆
绝缘电阻试验(　)振荡波局放试验(　)超声波局放试验(　)红外热像检测试验(　)
三、高压开关
绝缘电阻试验(　)工频交流耐压试验(　)断路器导电回路电阻试验(　)
断路器动作电压试验(　)红外热像检测试验(　)
四、高压母线
绝缘电阻试验(　)工频交流耐压试验(　)红外热像检测试验(　)
五、高压电流互感器
绝缘电阻试验(　)工频交流耐压试验(　)红外热像检测试验(　)
六、高压电压互感器
绝缘电阻试验(　)工频交流耐压试验(　)红外热像检测试验(　)
七、高压避雷器
绝缘电阻试验(　)金属氧化锌避雷器泄漏电流测量(　)红外热像检测试验(　)
八、变压器
绕组绝缘电阻试验(　)铁芯夹件绝缘电阻试验(　)绕组直流电阻试验(　)
干式变压器工频交流耐压试验(　)红外热像检测试验(　)
九、低压电气回路
低压回路绝缘电阻试验(　)
十、继电保护及自动装置
继电保护及自动装置校验(　)
现申请免做该电气试验项目，请审核。
(后附试验报告)
申请单位：　　　　　(盖章)
申请时间：　年　　月　　日</td></tr>
</table>

电网企业审核意见：   审核单位：（盖章） 审核时间：年 月 日

7.1.10 供配电设施运行环境

供配电设施运行环境应符合《20 kV及以下变电所设计规范》(GB 50053—2013)的要求。

配电站房应具有通风、散热、防火、防涝、防潮、防小动物等措施，对于安装有SF_6绝缘设备的配电房，应具有强排风装置，强排风装置应能正常工作；电气运行场所应整洁，不准堆放或寄存与电气运行管理无关的物品；不得在配电站房内晾晒衣物。

运行环境检查应覆盖所有的末端配电箱和低压配电线路。

7.2 工作方案

7.2.1 总体方案

电力安全保障工作总体方案指的是对全局问题的设计，是系统总的处理方案，包括电力安全保障工作的指导思想、工作目标、工作组织、保电分工、保电时段和工作标准、工作措施、工作要求等内容。

(1) 指导思想

在进行保电工作时，要有信心、有能力圆满完成上级关于保电任务的嘱托，义无反顾、坚定不移地完成保电工作。

(2) 工作目标

要确保活动期间电力供应可靠，确保参与活动的人员不必为电力供应而烦恼，切实加强组织领导，认真结合有关部门的要求做好此次保供电工作。

(3) 工作组织

保电工作由总指挥部领导，下面分别由综合协调工作组、设备管理工作组、调控运行工作组、优质服务工作组、工程建设工作组、信通网安工作组、维稳保密工作组、新闻宣传工作组和安全应急工作组构成。指挥中心指导保电工作如图7.1所示。

(4) 保电分工

总指挥部负责公司保供电工作的组织、指挥和协调，下达保供电指令和任务，决定、处理公司有关保供电工作中的重大问题，督促公司保供电工作的实施，组织指挥公司重大突发事项处理。指挥部下设的各工作组主要负责贯彻落实公司保供电领导小组的指示和要求，组织编制、上报公司保供电方案，协调处理本次保供电工作相关的日常管理、技术和其他一般性问题，收集、汇总公司各单位保供电工作情况、信息，及时通知、协调本次保供电工作的临时变更，对保供电工作的重大问题和突发事件提出处理意见和建议。

图 7.1　指挥中心指导保电工作

(5) 保电时段和工作标准

在进行保电工作时，要确定保电的工作时段，并按照保电工作的要求对保电时段进行分级处理，如特级保电时段、一级保电时段和二级保电时段等。

(6) 工作措施

工作措施是指进行保供电时所采取的措施，如各单位保障通信及信息畅通，加强保供电设备、线路的巡视，严防电力设施、设备受到恶意破坏等。重点加强单线设备的巡查，及时发现设备缺陷及消除安全隐患。同时，加强与当地气象部门的联系与沟通，密切关注天气变化。加强对生产区域防火重点场所的巡查，及时发现和消除火灾隐患。加强车辆管理，认真做好抢修车辆的安排，严禁公车私用、酒后驾车、疲劳驾车等行为的发生。所属各单位应该每天将当日安全生产简况告知保供电办公室值班人员、公司安全监察部及生产技术部值班人员。如发生各类事故和突发事件，及时按公司应急管理规定上报，并按照规定程序执行。同时，各单位要重视和加强与政府部门和新闻单位的沟通联系，创造和谐的供电、用电氛围。图 7.2 所示为保电人员在检查保电设备。

(7) 工作要求

保供电工作期间，必须严格按照公司保供电期间检修、技改及预试定检工作开工手续的要求，全面落实生产现场安全、技术和组织措施，做到安全监督到位、管理协调到位、技术指导到位。保供电期间做好优质服务工作。

重大活动电力安全保障工作总体方案的示例见表 7.3。

图 7.2 保电人员在检查保电设备

表 7.3 公司××重大活动电力安全保障工作总体方案

一、	指导思想
二、	工作目标
三、	工作组织： (一)公司××重大活动保电工作领导小组构成及职责； (二)领导小组办公室及专业工作组职责。
四、	保电分工： (一)保电主体责任单位； (二)保电配合责任单位； (三)其他单位。
五、	保电时段和工作标准： (一)保电时段 公司保电期为×月×日 8 时至×月×日 18 时，其中：×月×日×时至×月×日×时为二级保电时段，×月×日×时至×月×日×时为一级保电时段，×月×日×时至×月×日×时为特级保电时段。 (二)工作标准 1.二级保电时段； 2.一级保电时段； 3.特级保电时段。
六、	工作措施
七、	工作要求
八、	附录

7.2.2 专项方案

专项方案是指对某个具体项目专门制定的有针对性的方案，某重要活动的保电专项方案见表7.4。

表7.4 输电运检中心(输电室)关于××足球场重要活动的保电专项方案

一、	组织机构和工作职责
	1.成立保电领导小组，期间输电运检中心将进行统一领导和协调整体保电工作。 组长：×× 副组长：×× 成员：×× 保电班组：输电运维一班，检修班，带电作业班。 2.输电运检中心保供电工作小组人员分工情况： 组长：负责保电期间保供电工作总体组织安排，并负责检查落实保供电工作开展情况。 副组长：负责对保电工作落实情况的检查，检查保电巡视质量。 成员××：负责保供电期间保电巡视安排、组织工作及跟班监督、到位巡视，和保电人员沟通联系。 成员××：负责保供电期间事故抢修组织工作。 成员××：负责保供电期间车辆调配、事故抢修工器具及备品备件材料供应工作。 运维一班：负责保电线路监督工作落实到人，对保电线路进行隐患排查监督检查，对重点隐患蹲守工作进行检查，对保电工作进行巡视检查与汇报。
二、	保电线路及时间
	1.保电时间：2021年×月×日至×日，保电级别：一级； 保电时间：2021年×月×日至×月×日，保电级别：二级。 2.共涉及保电线路3条：××线(架空)、××线—××线(混合)、××线(混合)。
三、	工作安排
	(一)准备阶段：×月×日 1.×月×日期间完成此次保电相关线路特巡工作。将特巡结果(线路基本情况、隐患情况)汇报至运行组，确定重点保电区段及重要隐患点，安排具体线路负责人员。 2.×月×日×时前，运行组按照公司保电安排制定保障供电方案。 3.保电前输电运维班对相关保电线路设备进行全面摸底排查，重点对沿线外力隐患施工点(保电期间施工情况)、空旷场地、沿线交叉跨越区、塑料大棚、堆放杂物处、保护区内施工机械活动区域等安全隐患进行仔细检查，根据检查情况安排保电巡视；对所有保电线路进行一次耐张接点及直线合成绝缘子挂点测温工作。 4.×月×日前召开保电工作动员、安排会议，确保相关人员知晓本次保电的重要程度和保电相关要求，做好全面准备，顺利完成此次重点保电任务。

续表 7.4

<table>
<tr><td></td><td>5.对相关保电线路防护区内及周边道路上的易飘扬物进行清理，重新固定清理不了的易飘扬物及防尘网。
6.检修组负责组织抢修队伍，提前做好故障抢修准备工作，包括抢修车辆的检查、抢修人员的安排、工器具的准备、备品备件等，应全部到位，确保抢修现场安全，迅速恢复正常供电。
（二）实施阶段：×月×日—×月×日
1.保电期间，输电运检中心运维班保电人员应加强保电设备巡视。隐患点安排人员进行24 小时蹲守，保电线路每 2 小时进行一次巡视，抢修小组做好保电期间抢修准备工作。
2.根据准备阶段确定的重点隐患区段，保电线路负责人按保电要求进行线路巡视及检查保电人员巡视、蹲守到位情况。
3.保电期间，保电巡视人员要分区段重点对沿线放气球、放风筝、大型施工车辆活动等场所进行巡视，发现隐患情况要及时上报进行解决处理，发现线路防护区内有易飘扬物时第一时间进行清理，发现未固定的防尘网要及时进行重新固定。
4.保电巡视人员要熟悉自己负责的保电巡视区段巡视重点，在巡视时不得出现空白点，做好巡视记录。尤其是做好沿线隐患的巡视、排查工作，及时掌握沿线施工点的施工进度和变化情况，确保巡视质量。
5.线路巡视保电人员要分批次对线路防护区及周边工地、单位、居民等进行安全宣传，时刻提醒线路处于保电阶段，确保工地、单位、居民等配合保电工作，不做出危害线路安全的行为。
6.保电期间，抢修小组成员不经允许不得擅自外出、不得饮酒，保持通信畅通，24 小时待命。
7.材料管理人员必须保证保电期间的材料供应，抢修备品备件的准备、检查工作，驾驶员严禁酒后驾车，保电期间巡视人员要相互关心，确保行车安全。</td></tr>
<tr><td>四、</td><td>保电工作要求</td></tr>
<tr><td></td><td>1.输电运检中心相关保电班组、人员必须高度重视此次保电工作，切实落实上述重点实施阶段的保电工作要求，对重点巡视区段提前向外围蹲守人员及本班组巡查人员进行交底。
2.输电运检中心领导和管理干部及班组必须认真督导检查，保电期间保电巡查人员不得出现脱岗、离岗等现象。
3.所有保电人员要高度重视、认真对待保供电工作，责任落实到人，确保保电期间巡视到位，及时发现和汇报各类安全隐患和异常情况，坚决杜绝巡视死角，保证巡视质量，确保此次保供电工作万无一失。
4.保电人员要保证通信畅通，一旦发生突发事件，保电人员应做到快速反应，第一时间赶赴现场解决问题，避免事态扩大，造成不良社会影响。
5.每天下午 16:30 前将当天保电巡视情况电话汇报给公司运检部。
6.抢修小组专用车辆和驾驶员做到随叫随到，抢修队伍人员在进行抢修时由值班领导带队，确保抢修现场工作安全，检修组在保电前协调公司做好应急抢修准备工作。</td></tr>
</table>

7.2.3 工作流程

电力保障工作(简称保电)是供电企业针对用电客户在举办重大活动或事项时所提供的专项供电可靠性保障工作,以确保用电客户在重要活动过程中能够获得稳定可靠的供电,电力用户重大活动保电工作是电网企业面向客户服务的重点工作之一。随着城市发展步伐的加快,重要用户的保电工作越来越多。一次完整的保电工作涉及供电企业多个业务部分,相关业务部分之间需要进行大量的信息交互和工作协调配合。一方面,供电企业在保电工作过程中,对涉及的各类信息仍采用邮件、纸件等传统方式进行传递,各类资料分散存储(存放),给保电过程带来不便且使得效率低下;另一方面,由于供电企业相关专业部门针对电网开展的计划停电、检修、故障抢修等工作都会影响到电力用户重大活动的保电,若相关专业部门沟通不及时或有误,则会直接影响电力用户重大活动的电力保障工作。

总的来说,电力保障工作分为准备、实施、总结三个阶段。

准备阶段:主要包括保障工作组织机构建立、保障工作方案制定、安全评估和隐患治理、网络安全保障、电力设施安全保卫和反恐怖防范、配套电力工程建设和用电设施改造、合理调整电力设备检修计划、应急准备,以及相关检查、督查等工作。例如,在准备阶段,活动承办主体应根据活动重要性,与当地供电单位协商,在考虑活动持续时间、涉及保电场所数量、分布情况、电网现状及负荷可靠性要求的基础上,选择采用相应保电方式,然后对保障时段进行划分。重大活动电力保障期间实行分时段管理,分为特级、一级和二级保障时段。其中特级保障时段指开、闭幕式或国家领导人出席的活动时段;一级保障时段指除特级保障时段外的其他正式比赛、活动时段,具体时间一般为活动开始前2小时至活动结束后1小时;二级保障时段是除特级、一级保障时段外的其他保障时段。省级电网企业应根据用户提供的重大活动场所名单和重要性等级,明确涉及保电的相关站所和输配电线路范围,制定相应的安全防护标准和运维保障措施,组织配套电力工程建设。市、区、县级供电单位按照安排部署,将各项电力保障措施落实到位,完成相应电力建设和运维任务。电网企业、重大活动场所物权所有方及微电网公司要建立保电风险管控和隐患排查治理双重预防机制。活动前,对重点设备、场所、环节开展评估检查。

保电动员会如图7.3所示。

实施阶段:主要包括执行电力保障工作方案,人员到岗到位,重要电力设施及用电设施、关键信息基础设施的巡视检查和现场保障,突发事件应急处置,信息报告,值班值守等工作。例如,电网企业应当建立电力设施安全保卫长效机制,综合采取人防、物防、技防措施,防止外力破坏、盗窃、恐怖袭击、火灾、水灾等因素影响重大活动电力保障工作。

电网企业应当与公安、当地群众建立联动机制，根据指挥部的安排和重要电力设施对重大活动可靠供电的影响程度，确定重要电力设施的保卫方式。电网企业、重大活动场所物权所有方、微电网公司等各相关单位应紧密配合，针对保电重大活动场所，逐一成立电力保障服务工作组，按照“一馆一册”细化保电方案；电网企业协助重大活动场所物权所有方、微电网公司开展专项状态检测和隐患排查治理，提出安全用电建议，协助制定停电事件应急预案，督促完善自备应急电源，指导物权所有方、微电网公司开展大负荷试验和保护自动化装置试验工作，督促物权所有方编制风险评估报告。电网企业、重大活动场所物权所有方、微电网公司应严格执行 24 h 值班制度，及时处置突发事件。电网企业牵头，重大活动场所物权所有方、微电网公司配合，编制保电工作信息日报，向地方执委会报送。

图 7.3　保电动员会

图 7.4 所示为保电人员现场巡视检查。

图 7.4　保电人员现场巡视检查

总结阶段：主要包括保障工作评估总结，经验交流，探讨保电工作中出现的问题或者故障等工作。例如，在每次保电工作之后分析此次保电工作的实施过程以及从准备到总结阶段所出现的不足，吸取经验教训，并对此次保电工作做出客观的评价。

7.3 电力安全保障

为深入贯彻落实习近平新时代中国特色社会主义思想，进一步规范重大活动电力安全保障工作，强化电力安全保障工作的监督管理，确保重大活动供用电安全，国家能源局于 2020 年 3 月 12 日组织修订了《重大活动电力安全保障工作规定》。

基于《重大活动电力安全保障工作规定》，为保障重大活动电力安全，快速有效应对重大活动供电保障期间发生的突发事件，最大限度地减少突发事件及其造成的损失，保证重大活动期间正常供电，重大活动承办方、电力管理部门、派出机构、电力企业、重点用户等相关单位应当相互沟通，密切配合，建立重大活动电力安全保障工作机制，制定本单位电力安全保障总体工作方案，并报电力监管机构备案，既要保证重大活动电力安全工作，也要保障当地城市的正常运行，共同做好电力安全保障工作，实现“设备零故障、客户零闪动、工作零差错、服务零投诉”的保障工作目标。本章将从电网保障措施、设备保障措施、供电服务保障措施以及安保防恐保障措施四个方面进行介绍。

第十四届全国运动会(简称十四运会)电力保障工作会议如图 7.5 所示。十四运会电力保障督查如图 7.6 所示。

图 7.5 第十四届全国运动会电力保障工作会议

图 7.6 十四运会电力保障督查

7.3.1 电网保障措施

电网保障措施是电力安全保障的重要组成部分之一，随着智能电网的快速发展，网格结构的复杂性不断提高，影响电网安全运行的因素逐渐变多，为保证电网运行的安全性、稳定性以及可靠性，需要采取以下电网保障措施。

(1) 严格控制电网停电计划

为保证重大活动时当地城市的稳定运行，需严格控制电网停电计划，防止对当地经济和人民正常生活造成不良影响，当地政府及重大活动举办方等部门可采取停电资源整合、增强停电审批力度、制定相应的停电流程规范、设定停电时间、加强停电操作控制以及停电计划动态化等措施。

保电期间，供电范围涉及的电网主网层面应保持“全接线、全保护”运行方式，不应安排任何电压等级停电检修计划。对于有特殊情况需要在保电期间安排停电计划的，要履行相应审批手续。

(2) 线路运行方式调整

保电期间，应按照保障方案落实重要电力用户电源线路的部分负荷停用重合闸，保持最小方式运行。重要电力用户直供 10 kV 电源线路低频保护装置停用，保电结束后及时恢复电网正常运行。

(3) 变电站运行方式调整

重要电力用户上级直供变电站，应采用站内人员值守、手动调整母线电压措施，站内 AVC 系统停用，保电重点时段不再进行电压调整操作(母线电压越限除外)，同时加强站内电压水平监视，必须使电网电压稳定在允许范围以内。

(4) 电网调控运行管理

电网调控运行管理要求如下：

① 应对保电涉及设备的负载进行监视，提前采取运行方式调整措施，降低电网运行风险。进行运行方式调整时，要尽量采取不影响重要电力用户供电可靠性的措施，同时避免因调整运行方式而导致其他设备过载运行。

② 应进行运行维护和定期巡视，对重要电力用户相关供电设备要重点进行检查。

③ 应按照保电期间调度系统重大事件报送相关工作要求，及时上报各类电网故障及其他应急突发事件。

④ 应按照相关规定，尽快进行故障处置，将对重要电力用户的影响降至最低。

7.3.2 设备保障措施

1. 架空输电线路

架空输电线路位于户外，运行环境恶劣，易受雷电、冰雪、大风、暴雨等灾害天气影响。在保电期间，应根据线路属地的季节、气候、地理环境等因素，对架空输电线路的防雷、防冰、防汛、防风等工作落实针对性保障措施。

(1) 防雷

雷击是架空输电线路出现故障的重要原因，架空输电线路防雷措施不到位，尤其在农村电网中，由于地面空旷、没有良好的防雷线设置，直击雷和感应雷经常在线路设施薄弱之处造成损害；绝缘子质量差以及线路接地不合格等原因也会使架空输电线路遭受雷电损害。要提高防雷安全意识，加强对避雷防雷的硬件设施安装，科学合理地设置避雷器保护，安装避雷针、避雷线，使用高性能的金属氧化物避雷器等。在雷雨季节期间，应按照《架空输电线路运行规程》(DL/T 741—2010)的规定开展线路防雷运维工作，提前对重大活动所涉及的架空输电线路开展雷害风险评估工作，对同塔多回、雷击风险偏高、历史雷击故障高发等线路区段，应提前加装线路避雷器、并联间隙等装置，并开展杆塔接地电阻检测，不同土壤电阻率下工频接地电阻标准应满足《110 kV～750 kV 架空输电线路施工及验收规范》(GB 50233—2014)的规定，不合格的要进行降阻处理，保证接地电阻满足要求。

(2) 防冰

在易覆冰季节，针对不同冰区，应按照《架空输电线路运行规程》(DL/T 741—2010)的规定开展架空输电线路防冰运维工作，同时应加大巡视和检查力度，布置融冰装置，配置除冰装备，及时消除设备积雪、覆冰。

（3）防汛

在汛期季节，对地势低洼区、易积水区域、土质松软地域、沿河地区等汛情易发区域，应加大巡视和检查力度，及时消除汛情隐患，采取防进水和排水措施。防汛运维工作标准应按照《国家电网公司防汛及防灾减灾管理规定》执行。

（4）防风

在大风天气，应按照《架空输电线路运行规程》(DL/T 741—2010)的规定开展电网设备防风运维工作，并按照《国家电网公司十八项电网重大反事故措施》中的相关要求，在大风等恶劣天气来临时加强架空输电线路等设备巡视、交叉跨越段故障的排查，防止导线、金具、铁塔大风期间受损，避免线路因大风而导致的跳闸及停运等事故发生。对线路经过的树、竹等地段，不满足安全距离要求的应做好树枝修剪清障，避免树线矛盾引发线路跳闸停运。

（5）全面摸底排查

保电前对相关线路进行全面摸底排查，重点对沿线外力隐患施工点（保电期间施工情况）、空旷场地、沿线交叉跨越区、塑料大棚、堆放杂物处、保护区内施工机械活动区域等安全隐患进行仔细检查，根据检查情况安排保电巡视；对所有保电线路进行一次耐张接点及直线合成绝缘子挂点测温工作。

（6）召开保电工作会议

召开保电工作动员、安排会议，确保相关人员知晓本次保电的重要程度和保电相关要求，做好全面准备，顺利完成此次保电任务安排部署。

（7）清理易飘扬物

对相关保电线路防护区内及周边道路上的易飘扬物进行清理，重新固定清理不了的易飘扬物及防尘网。

2. 变电站

保电期间，应采取下列相应措施防止变电站全停事故或交、直流系统失电等事故发生：

① 应对变电站内及周边飘扬物、塑料大棚、彩钢板建筑、风筝等进行清理，防止异物飘扬造成设备短路。

② 应检查避雷针、支柱绝缘子、设备架构、隔离开关基础、GIS母线筒位移及沉降情况以及母线绝缘子串锁紧销的连接，对管母线支柱绝缘子进行探伤检测及有无弯曲变形检查。

③ 应检查主变压器、电抗器的消防装置运行情况，防止装置误动造成变电站全停事故。

④ 两套分列运行的站用交流电源系统，在电源环路中应设置明显断开点，禁止合环运行。

⑤ 直流电源系统存在接地故障情况时，应禁止两套直流电源系统并列运行。

⑥ 直流系统绝缘监测装置应具备交流窜直流故障的测记和报警功能。

⑦ 站用直流电源系统运行时，蓄电池组不应脱离直流母线。

3. 电缆及通道

电缆线路通常位于地下，运行环境恶劣，在长期运行中，存在外力施工破坏、电缆通道积水、电缆本体渗水、电缆接头发热、有害气体渗漏等诸多隐患。在新电缆线路设计建设阶段，应提前考虑电缆防水、阻燃，电缆通道连通，有害气体监测等方面问题。在保电开始前，应对电缆线路开展试验，落实下列针对性保障措施：

① 10 kV 电缆优先选用A级阻燃三芯交联聚乙烯绝缘铜芯电缆，以提高重要电缆阻燃等级。

② 10 kV 电缆截面应符合规划负荷需要，干线应选用 300 mm^2 电缆(远期负荷稳定且集中的区域可选用 400 mm^2 电缆)，支线应选用 150 mm^2 电缆。

③ 10 kV 电缆附件应优先考虑品牌质量及运行可靠性，应选用交联冷缩式附件，优先选用具有增强防水、防火措施的产品。

④ 电缆通道可采用综合管廊、电力隧道、电力排管或三者结合方式。

⑤ 电缆通道应满足区域电力规划主配网电缆及电力专用光缆敷设需要。

⑥ 不同类型电缆通道应做好衔接建设，新建电缆通道应与周边现有电缆通道连通，并以成型工作井的方式为后期电缆通道连通建设预留接口。随电缆通道应同步建设综合监控系统和消防安全措施，具备安防监控、有害气体监测、智能巡检，及自动排风、隔离、灭火、排水等功能，具体功能选择应与通道形式相匹配。

⑦ 10 kV 电缆线路应至少开展绝缘电阻、谐振耐压、振荡波局部放电试验。

⑧ 保电前对保电线路进行全面摸底排查，并开展节点测温，认真检查设备有无缺陷，线路附近有无施工及其他隐患，如检查出问题应立即整改并汇报。

⑨ 电缆运检班应安排人员对电缆通道、设备进行重点巡视。对此前发现隐患的线路注意观察发展动态；对线路高风险外力破坏点实行专人看守及不间断巡视；对于易被盗地区加强巡视，现场出现异常情况应及时汇报，严防电力设备盗窃事件发生。

7.3.3 供电服务保障措施

7.3.3.1 电源侧

1. 供电电源配置

重要电力用户供电方式应满足《重要电力用户供电电源及自备应急电源配置技术规范》(GB/Z 29328—2012)的相关要求，供电电源应满足《高压电力用户用电安全》(GB/T 31989—2015)的相关要求。具体要求如下：

① 重要电力用户的供电电源应采用多电源、双电源或双回路供电。当任何一路或一路以上电源发生故障时，至少仍有一路电源应能对保安负荷持续供电。

② 特级重要电力用户宜采用双电源或多路电源供电；一级重要电力用户宜采用双电源供电；二级重要电力用户宜采用双回路供电。

③ 临时性重要电力用户按照用电负荷的重要性，在条件允许的情况下，可以通过临时敷设线路等方式满足双回路或两路以上电源供电条件。

④ 重要电力用户供电电源的切换时间和切换方式应满足重要电力用户内部重要负荷允许断电时间的要求。切换时间不能满足重要负荷允许断电时间要求的，重要电力用户应自行采取技术手段解决。

⑤ 双电源或多路电源供电的重要电力用户，宜采用同级电压供电。但根据不同负荷需要及地区供电条件，亦可采用不同电压供电。采用双电源或双回路的同一重要电力用户，不应采用同杆架设供电。

2. 配电站室

配电站室设备配置及试验检测应满足以下要求：

① 配电站室一次设备应满足安全可靠、节能环保、技术成熟等高质量要求，优先选用带断路器的开关设备，一般不选用带负荷开关的环网设备。

② 配电站室开关设备应优先选用环保气体绝缘断路器柜，变压器馈线可采用负荷开关加熔断器的组合方式，开关柜应具有相关电气量、非电气量以及关键部位局部放电、发热等监测功能。

③ 室内安装的配电变压器应选择干式变压器，室外安装的配电变压器应优先选择油浸式变压器，能效等级均不低于 2 级(或油浸式变压器不低于 S11 级、干式变压器不低于 SCB10 级)。

④ 配电站室配电变压器容量，由两路及以上低压供电的馈线回路均应满足 N-1 标准，以终端配电设备为起点往上追溯的供电回路中不应存在不满足 N-1 标准的设备或元件。

⑤ 配电站室应同步实现自动化功能，建设相关智能监控系统，实现对站室环境、安防、通风排水、防火防爆等通用安全及防护设施的远程智能监控。

⑥ 开关站、分界室应预留 10 kV 应急电源快速接入装置，配电室应建设重要负荷旁路母线和应急电源快速接入装置，全面满足应急供电需要。

⑦ 配电站室 10 kV 母线应各预留一面 10 kV 柜，配电室低压侧应预留一定数量的低压馈线开关。

⑧ 配电站室建成后，除常规验收外应增加全负载试验，重要负荷还应开展应急供电与用电负荷的匹配性等有关试验，模拟并检验整体系统和各电气设备(器件)的电力供应和保障功能。

3. **典型接线方式**

(1) 10 kV 电缆线路双环网接线方式

10 kV 电缆线路优先采用双环网接线方式，如图 7.7 所示。双环网可由开关站或电缆分界室构成，环内开关站一般不超过 2 座、电缆分界室一般不超过 5 座，具体数量应结合规划区域内的负荷数量、负荷需求、线路载流量等确定。

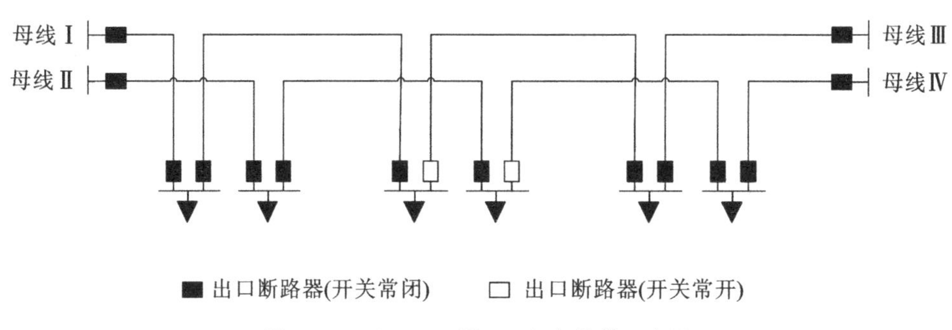

图 7.7　10 kV 双环网开环运行接线示意图

(2) 10 kV 电缆线路单环网接线方式

对于存在单一终端会场、受电缆输电容量限制或用户等级串接限制等情况时，也可采用多电源放射接线方式。市政用电等单电源用户可采用单环网接线方式，如图 7.8 所示。单环网适用于单台配电变压器供电场所，在网架结构上为其提供双方向电源，电源可从变电站或开关站馈出，往上追溯电源至少来自同一变电站的不同 10 kV 母线。

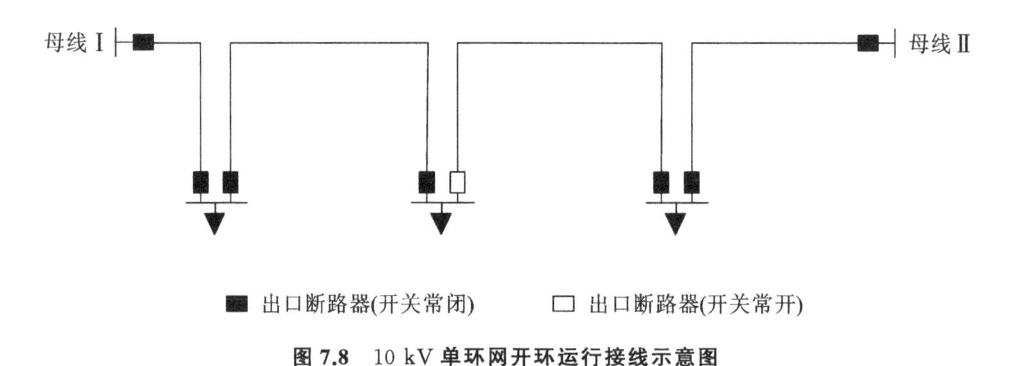

图 7.8　10 kV 单环网开环运行接线示意图

7.3.3.2　用户侧

1. **自备应急电源装备配置与测试**

(1) 自备应急电源装备配置原则

在重大活动期间，根据供电可靠性和负荷敏感性需求，重要电力用户应视情况配置

UPS 电源车、飞轮储能电源车或固态切换开关等防闪动自备应急电源装备，装备容量应与实际负载相匹配。自备应急电源应满足《重要电力用户供电电源及自备应急电源配置技术规范》(GB/Z 29328—2012)的相关要求。

(2) 电池 UPS 电源车测试

① 外观检查

UPS 电源车停放及移动时，应满足《室外型通信电源系统》(YD/T 1436—2014)关于 UPS 储存及运输条件的要求。电源车的性能主要由其车载 UPS 设备决定，测试的主要对象为其车载 UPS 设备。对于距首次投运超过 50000 小时的 UPS 设备，不应在重要的供电保障任务中应用。测试时的环境条件，应满足《室外型通信电源系统》(YD/T 1436—2014)关于 UPS 基本工作条件的要求。对电池 UPS 电源车测试之前，应检查：

A. 车载 UPS 机柜机构稳固，漆面或镀层均匀，无剥落、锈蚀及裂痕等现象；

B. 车载 UPS 机柜表面平整，所有标牌、标记、文字符号应清晰、正确、整齐；

C. 车载 UPS 安装的垂直倾斜度不大于±5°。

② 测试项目

车载 UPS 设备测试电路如图 7.8 所示。在现场测试时，应参照《通信用不间断电源—UPS》(YD/T 1095—2008)和《室外型通信电源系统》(YD/T 1436—2014)的要求，主要开展以下试验项目：输出电压测试；输出电压相位偏差测试；输出频率测试；输出波形失真度测试；动态电压瞬变范围测试；电压瞬变恢复时间测试；方式转换时间测试；旁路与逆变转换时间测试；动态电压瞬变范围测试。

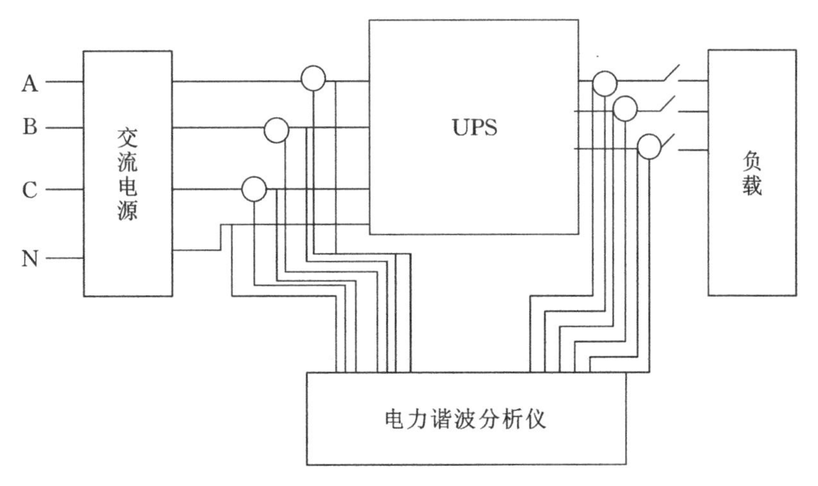

图 7.8　车载 UPS 设备测试电路

(3) 飞轮储能电源车测试

① 外观检查

飞轮储能电源车停放及移动时,应满足《通信用磁悬浮飞轮储能电源系统》(YDB 038.1—2009)关于振动与冲击或公路运输试验的要求。飞轮储能电源车的性能主要由其车载飞轮储能设备决定,因此测试的主要对象为其车载飞轮储能设备。对于距首次投运超过 50000 小时的飞轮储能设备,不应在重要的供电保障任务中使用。测试时的环境条件,应满足《室外型通信电源系统》(YD/T 1436—2014)关于基本工作条件和《通信用磁悬浮飞轮储能电源系统》(YDB 038.1—2009)关于环境条件的要求。对飞轮储能电源车测试之前,应检查:

A. 飞轮储能机箱镀层应牢靠,漆面均匀,无剥落、锈蚀及裂痕等现象;

B. 飞轮储能机箱表面应平整,所有标牌、标记、文字符号应清晰、正确、整齐;

C. 车载安装的垂直倾斜度不大于±5°。

飞轮储能系统的结构如图 7.9 所示。

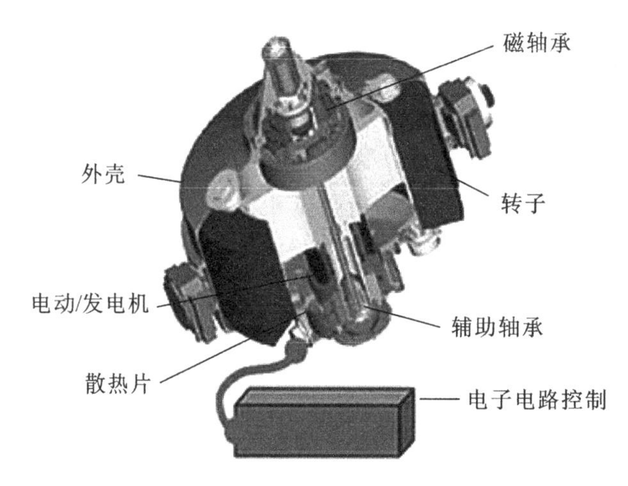

图 7.9 飞轮储能系统结构图

② 测试项目

飞轮储能设备在现场测试时,应参照《通信用磁悬浮飞轮储能电源系统》(YDB 038.1—2009)的要求,主要开展以下试验项目:输出电压相位偏差测试;输出频率测试;输出波形失真度测试;动态电压瞬变范围测试;电压瞬变恢复时间测试;方式转换时间测试;旁路供电与正常工作方式转换时间测试;旁路供电与储能放电工作方式转换时间测试。

2. 重要电力用户用电设备状态检测

(1) 检测原则

重大活动开始前,重要电力用户应委托具备检测能力的单位开展用电设备状态检测工作。为更好地掌握设备运行状态,检测人员应查验并参考用户巡检和例行试验数据。对于未定时开展巡检和例行试验或试验已超过规定周期的用户,可结合实际情况将例行试验项目增加至检测项目中。检测对象主要包括配电室、箱式变电站内以及柱上的电力变压器、高压开关柜、环网柜、低压开关柜、电力电缆及 SSTS 或 ATS 等设备。

考虑到重要电力用户对供电连续性的要求,开展的状态检测项目宜以带电的例行试验和诊断性试验项目为主,必要时开展停电试验或增加停电例行试验项目。试验方法、试验周期及结果判定可参考《输变电设备状态检修实验规程》(Q/GDW 1168—2013)、《配网设备状态检修试验规程》(Q/GDW 1643—2015)和《固态切换开关技术规范》(DL/T 1226—2013)的要求执行,也可根据设备状态、运行年限、运行环境、用户重要性等情况进行适当调整。

(2) 电力变压器

对电力变压器主要开展的检测项目为:特高频局部放电检测;超声波局部放电检测;高频局部放电检测;红外热像检测。

(3) 高压开关柜和环网柜

对高压开关柜、环网柜主要开展的检测项目为:暂态地电压检测;超声波局部放电检测;红外热像检测。

(4) 低压柜

对低压柜主要开展的检测项目为红外热像检测。

(5) 电力电缆

对电力电缆主要开展的检测项目为:特高频局部放电检测(适用于电缆终端及中间接头);超声波局部放电检测(适用于电缆终端及中间接头);高频局部放电检测(适用于电缆终端及中间接头);红外热像检测。

(6) SSTS 或 ATS

对 SSTS 或 ATS 主要开展的检测项目为切换时间试验。

3. 重要电力用户用电设备隐患排查与安全评估

重大活动开始前,重要电力用户应委托具备检测能力的单位按照《高压电力用户用电安全》(GB/T 31989—2015)的要求开展用电设备隐患排查与用电安全评估工作,并及时将评估过程中发现的隐患和问题以书面形式告知用户。隐患排查与安全评估工作至少涵盖以下方面:

① 高、低压电气设备运行状况及负荷分布情况;

② 高、低压配电室运行环境,防雨、防漏、防雷、防小动物等措施是否完备;

③ 应急电源的配置和运行管理情况;

④ 电气设备和继电保护装置的预防性试验和周期校验；

⑤ 高、低压设备保护定值的设定；

⑥ 电工配置和运行管理情况；

⑦ 安全用电保障措施及电气事故应急预案等；

⑧ 是否有影响电气设备运行的施工活动；

⑨ 消防设施的配备和维护保养情况。

4. 典型接线方式

(1) 重要低压负荷接线方式

用户侧的重要低压负荷，应采用双路市电（一主一备）的接线方式，双路市电来自不同上级电源系统，一路市电应配置应急电源（配电室备用发电机或应急母线），同时在负荷所在位置就近安装 SSTS（或 ATS）装置。重要低压负荷接线示意如图 7.10 所示。

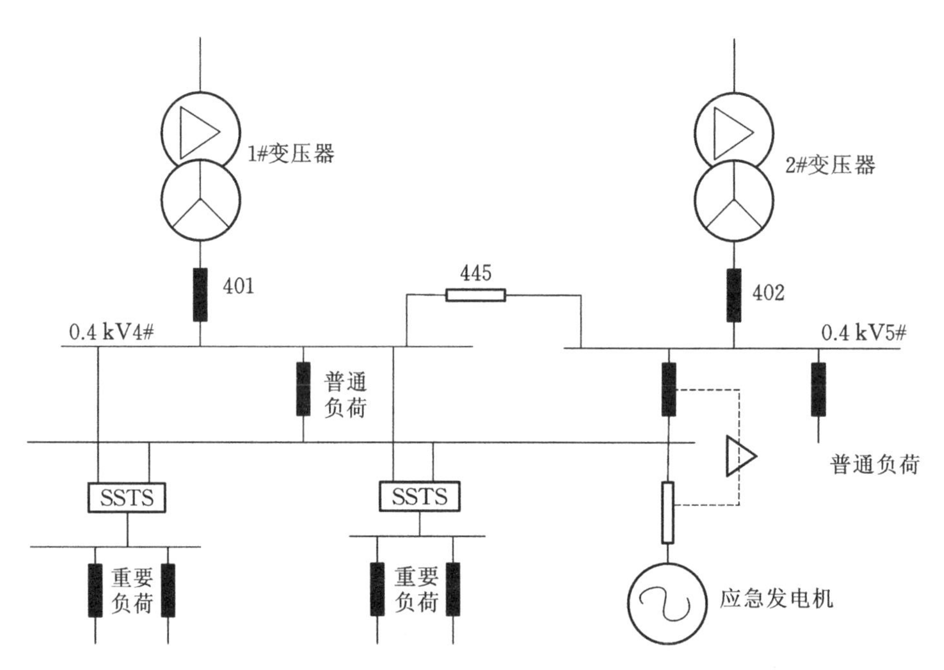

图 7.10　重要低压负荷接线示意图

(2) 特别重要及敏感低压负荷接线方式

用户侧的特别重要和敏感低压负荷，应采用双路市电（一主一备）的接线方式，双路市电来自不同上级电源系统，一路市电应配置应急电源（配电室备用发电机或应急母线），同时在负荷所在位置就近安装 SSTS（或 ATS）和在线式 UPS 装置。在线式 UPS 与 SSTS（或 ATS）配套使用，实现不间断供电。特别重要及敏感低压负荷接线示意如图7.11所示。对于活动场所的灯光、话筒、音响等负荷,宜采用多路电源交叉供电方式。

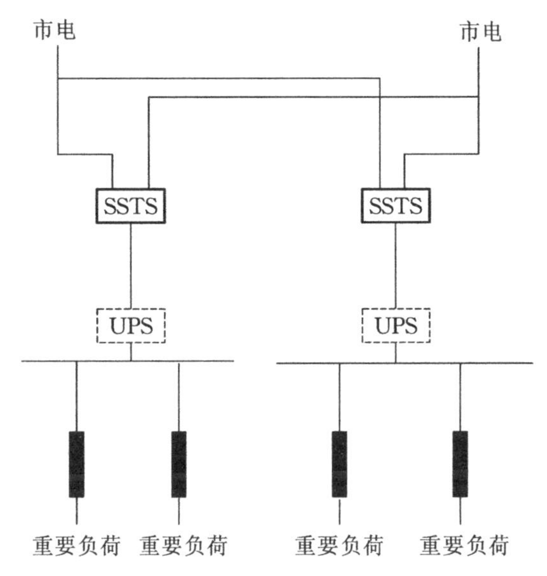

图7.11 特别重要及敏感低压负荷接线示意图

5. 安全责任

供电企业与客户的保电安全责任以双方签订的《供用电合同》为基础,签订重大活动供用电安全责任书,客户产权范围内的用电安全责任和电力保障工作由客户负责。供电企业在政府主导下,按照"服务、通知、报告、督导"四到位的要求,协助客户开展客户侧保电工作。

7.4 党的二十大电力安全保障重点

7.4.1 召开背景

中国共产党第十九届中央委员会第六次全体会议于2021年11月8日至11日在北京举行。全会听取和讨论了习近平受中央政治局委托作的工作报告,审议通过了《中共中央关于党的百年奋斗重大成就和历史经验的决议》,审议通过了《关于召开党的第二十次全国代表大会的决议》。全会决定,中国共产党第二十次全国代表大会于2022年下半年在北京召开。

中共中央政治局于2022年8月30日召开会议,研究中国共产党第十九届中央委员会第七次全体会议和中国共产党第二十次全国代表大会筹备工作。中共中央总书记习近平主持会议。会议决定，中国共产党第十九届中央委员会第七次全体会议于2022年10月9日在北京召开。中共中央政治局将向党的十九届七中全会建议，中国共产党第二十次全国代表大会于2022年10月16日在北京召开。

中国共产党第二十次全国代表大会，是在全党全国各族人民迈上全面建设社会主义现代化国家新征程、向第二个百年奋斗目标进军的关键时刻召开的一次十分重要的大会。大会将高举中国特色社会主义伟大旗帜，坚持马克思列宁主义、毛泽东思想、邓小平理论、“三个代表”重要思想、科学发展观，全面贯彻习近平新时代中国特色社会主义思想，认真总结过去5年工作，全面总结十八大以来以习近平同志为核心的党中央团结带领全党全国各族人民坚持和发展中国特色社会主义取得的重大成就和宝贵经验，深入分析国际国内形势，全面把握新时代新征程党和国家事业发展新要求、人民群众新期待，制定行动纲领和大政方针，动员全党全国各族人民坚定历史自信、增强历史主动，守正创新、勇毅前行，继续统筹推进“五位一体”总体布局、协调推进“四个全面”战略布局，继续扎实推进全体人民共同富裕，继续有力推进党的建设新的伟大工程，继续积极推动构建人类命运共同体，为全面建设社会主义现代化国家、全面推进中华民族伟大复兴而团结奋斗。

7.4.2 保电意义

党的二十大召开在即，各相关单位要进一步提高政治站位，全面进入保电战斗状态，紧紧围绕保电工作主线，聚焦重点任务，落实保电责任，强化应急力量，严守电力生产安全和网络安全底线，以高度的使命感、责任感和紧迫感切实抓好保电各项工作，为党的二十大胜利召开营造稳定的电力安全生产环境。2022年9月23日，国家电网有限公司召开党的二十大电力安全保障动员暨迎峰度夏保供总结电视电话会议，深入学习贯彻习近平总书记重要讲话和指示精神，全面落实疫情要防住、经济要稳住、发展要安全的要求，提高站位，扛牢责任，全力以赴保供电、保安全、保稳定，以实际行动迎接党的二十大胜利召开。公司董事长、党组书记辛保安出席会议并讲话(图7.12)，公司总经理、党组副书记张智刚主持会议，中央纪委国家监委驻公司纪检监察组组长、公司党组成员黄德安，公司总会计师、党组成员朱敏，公司副总经理、党组成员陈国平出席会议。辛保安表示，党的二十大即将召开，这是今年党和国家政治生活中的头等大事。做好党的二十大电力安全保障是公司当前最重要的政治任务，是对我们旗帜鲜明讲政治最直接的检验和最现实的考验。公司要站在捍卫“两个确立”、践行“两个维护”的政治高度，以强烈的政治担当扛牢责任，全力以赴保供电、保安全、保稳定，坚决向党和人民交上满意答卷。辛保安强调，党的二十大保电工作要按照“全网保华北、华北保北京、北京保核心、各地保平安”(“四保”)原则，坚持以最高标准、最强组织、最严要求、最实措施、最佳状态(“五个最”)，切实做到杜绝各类安全事故，确保设备零故障、客户零闪动、工作零差错、服务零投诉（“四个零”）。

图 7.12　公司董事长、党组书记辛保安出席会议并讲话

7.4.3　保电要求

各单位要深刻认识党的二十大保电工作的重要意义，要认真落实党中央、国务院决策部署，自觉提高政治站位，扛牢政治责任，主动担当好政治使命，统筹做好疫情防控、电力发展建设、重大风险防控、一次能源供应、电力安全生产等各项工作，保障电力安全生产形势总体平稳，以电力安全稳定的实际成效迎接党的二十大胜利召开。一要高标准强化组织领导。要压紧压实责任，各部门、各单位主要负责人要以“时时放心不下”的责任感安排部署、督导落实，做到守土有责、守土尽责；强化组织协调、工作统筹和资源调配。加强值班报告，严格落实领导带班值班和重大事项请示报告制度，遇到突发事件第一时间处置汇报。二要严防严控，确保电网安全运行。把大电网安全放在首位，合理安排运行方式，严肃调度纪律。强化密集通道运维，加强特巡特护，做好风险防控和隐患排查，“一道一案”制定自然灾害预控方案及联合处置故障预案。强化电网故障防御，加强联合反事故演练，强化二次系统管理，夯实电网“三道防线”。三要扎实有力抓好安全生产。确保设备安全，重要通道、重点设备要实施全天候看护，重要变电站恢复有人值守，加强重点场所安全防护、消防管理。确保现场安全，坚持先排查再开工，抓好业主、监理、施工等各方安全责任落实，加强秋检预试和基建施工现场管理。确保网络安全，强化关键网络基础设施等安全管理。四要以民生为要做好供电服务。提升报装服务质效，主动跟进、全面摸排重要民生客户用电报装需求，一户一策明确工作方案。深入开展隐患排查，开展重点客户用电情况排查，主动协助客户摸排用电设施设备。快速响应客户诉求，畅

通 95598、“网上国网”等渠道，提高服务响应精准度。五要周密细致做好供电保障。保重点时段，严格执行保电时段工作要求，周密制定措施，提高保电标准，确保可靠供电。强化应急保障，进一步完善预案，确保紧急情况下快速处置、有效应对。六要从严从紧守好疫情防控阵地。坚持“外防输入、内防反弹”总策略和“动态清零”总方针不动摇，严格执行国务院联防联控机制、国资委和地方防疫要求，严格落实“四方”责任。七要为党的二十大召开营造良好环境。做好信访保密，落实公司信访保密工作会议要求，做好保电工作涉密管理。加强舆情监测，及时化解舆情风险。做好宣传引导，以饱满的政治热情和高度的政治自觉把党的二十大精神传达好、学习好、宣传好、贯彻好。党的二十大电力安全保障动员会议如图 7.13 所示。

图 7.13　党的二十大电力安全保障动员会议

8 电力应急处置

8.1 应 急 机 制

8.1.1 概念

“应急”由两部分组成，一是作为动词的“应”一方面指人受到刺激而发生的活动和变化，另一方面指对待的意思，如应付、应对；二是作为名词的“急”指迫切、紧急、重要的事情，是一个相对概念，对于不同大小、类型、复杂程度的组织，“急”的内容有很大差异。根据“应”和“急”两部分的解析，可以将“应急”定义为：人类面对正在发生或预测到的紧急状况所采取的活动和应对措施。

而“机制”一词最早来源于希腊，在汉语中，“机制”有四层含义：第一，指机器的构造与工作原理，如计算机的机制；第二，指有机体的构造、功能及其相互关系，如分娩机制；第三，指某些自然现象的物理、化学规律；第四，指一个工作系统中的组织或部分之间相互作用的过程和方式。在英语中，“机制”对应的单词是“regime”，含义是“method or system of government；prevailing method or system of administration”，即治理方式或制度，现行的管理方式或制度。

故“机制”含有以下三方面含义：第一，机制反映了事物内在的机理、规律以及组成部分之间协调互动的关系；第二，机制是经过提炼后形成的相对固定的行为规范、工作方法与措施；第三，机制具有权威性、强制性，个体不能以个人偏好、经验方法取而代之。

应用到保电工作领域，保电工作应急机制是针对突发事件开展的，人们为及时、有效地预防和处置电力安全而建立起来的带有强制性的应急工作制度、规则和程序，它是涉及领导决策、救灾管理、救灾动员、信息传播、科技应用和灾后恢复等内容的一个综合系统工程。例如中国南方电网有限责任公司依据国家的相关法律法规、标准规范，组织制定了《应急管理工作规定》《应急预案与演练管理办法》《应急预警与响应管理办法》等A类制度，规范了应急预警和响应、预案管理、演练、培训、队伍建设、物资储备、应急指挥平台建设等管理要求和工作内容。

8.1.2 基本原则

重大活动电力安全保障应急机制应重在预防，并常备不懈，加强对保电工作时突发事件的预防和控制，并定期进行安全检查，及时发现和处理设备缺陷；同时要规范电力市场秩序，避免发生持续的电力供应危机；定期开展有针对性的反事故演习，提高保电工作承办方等部门对重特大突发事件处理、应急抢险以及快速恢复电力生产正常秩序的能力。同时各单位按照“分层分区、相互协调、各负其责”的原则建立各自应对突发事件时的应急处理体系，制定相应的专业预案，并接受上级统一指挥。

应急处理应保证重点，将保证电网主网架的安全放在第一位，采取一切必要手段，限制突发事件范围扩大，防止发生主网系统性崩溃和瓦解。在电网恢复中，优先恢复重要电厂的厂用电源、主干网架和重要输变电设备，努力提高整个系统的恢复速度和效率。在供电恢复中，优先恢复重点场区、重要用户的供电，尽快恢复大型活动正常供电秩序。

8.1.3 主要内容

(1) 应急指挥机构

电网出现突发事故时，需要一个团结协作、强有力的指挥机构。应急指挥机构主要对应急时期的决策负总责，宣布电网进入或结束应急状态，负责组织、指挥下属各部门和单位在可预见的范围内，制度化、规范化地有效预防、迅速响应、快速组织、果断处理电网及其他突发事件，努力控制事态发展并降低其影响，尽快恢复正常生产秩序；负责贯彻上级政策和指示，向上级汇报，并同时协同政府或其他企业部门完成应急工作；在电网正常运行时期组织制定、评估、完善大型活动保电工作突发事件应急处理预案，并督导落实。

国家能源局履行电力行业应急管理职责，组织、指导和协调全国电力应急管理工作，指导地方电力管理有关部门加强电力应急管理工作，完善国家指导协调、地方政府属地指挥、企业具体负责、社会各界广泛参与的电力应急管理体制，推进地方政府及相关电力企业电力应急管理机构的建设与发展。

地方政府方面，广东省在全国率先成立第一个电力应急管理常设机构——广东省电力应急指挥中心，由分管副省长担任第一召集人，省政府副秘书长、南方能源监管局局长、省经济和信息化委分管负责人、南方电网公司分管负责人担任召集人，省委宣传部、省发展和改革委等职能部门、电力企业相关负责人为成员。

电网企业方面，国家电网有限公司成立了应急技术中心，为应急管理和应急处置提供技术服务，省、市、县各级单位配置专兼职应急管理人员6000余人。国家电网有限公司印发了《国家电网公司应急指挥中心建设规范》(Q/GDW 1202—2015)，目前已建成国家电网公司总部应急指挥中心及 30 个网省公司应急指挥中心，并于 2019 年开展了“迎峰度夏”暨华东区域应急指挥中心“防汛抗台风”联合演练，确保已经建成投运的公司系统应急指挥中心能够发挥应有作用、互联互通，有效应对各类突发事件。中国南方电网有限责任公司建立了规范的应急指挥机构，构建了从指挥决策到现场执行的应急指挥体系和网络。电网企业应急组织体系如图 8.1 所示。

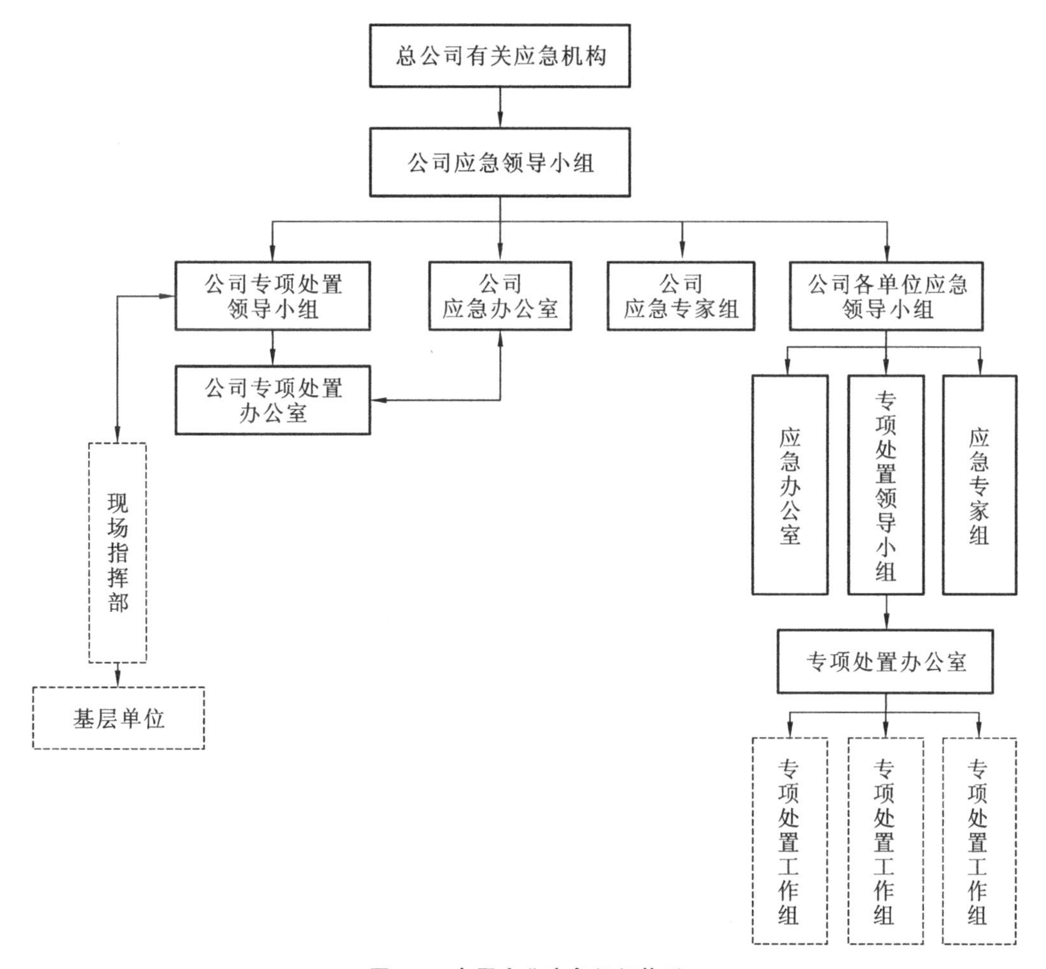

图 8.1　电网企业应急组织体系

基于上述应急机构体系的建设，重大活动保电应急指挥机构根据其特殊需求建立，组长一般由公司党政主要领导担任，副组长由公司副职领导成员担任，成员由公司各部门负责人担任。领导小组具体人员名单以公司现行岗位设置人员为准。应急指挥机构主要负责重大活动期间公司供电保障工作的全面领导和指挥协调，就公司重大活动供电保障工作事项进行决策，接受省公司指导，向省公司汇报突发事件信息等工作。图 8.2 所示为十四运会应急组织结构体系。

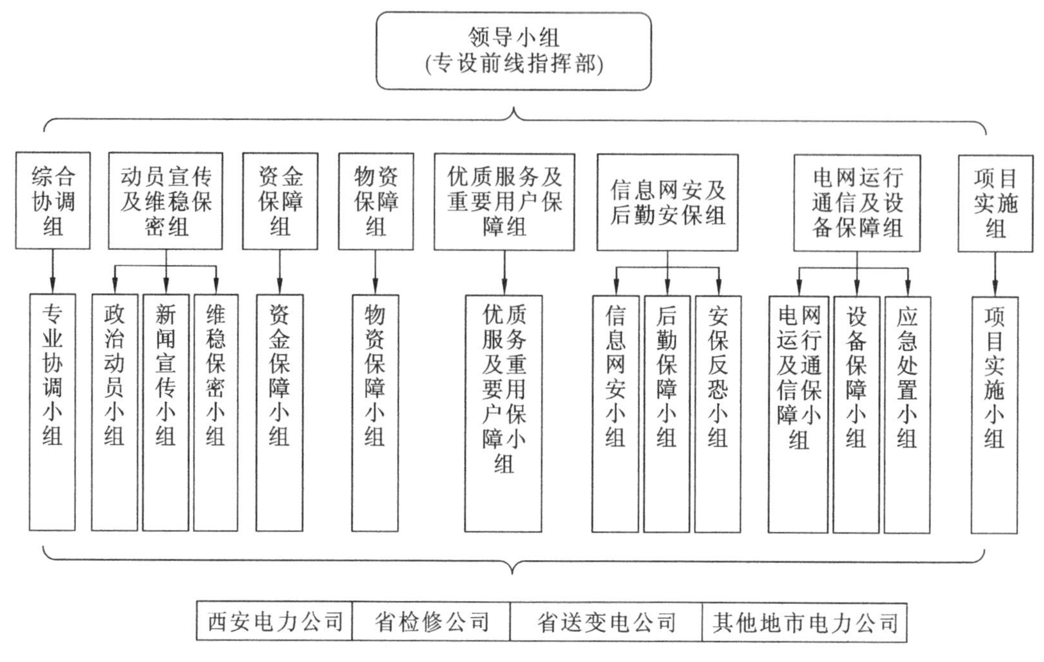

图 8.2 十四运会应急组织结构体系

(2) 应急预案建立及培训演练

应急预案应根据上级要求以及企业实际情况建立,其一般建立在综合防灾规划上。针对建立的应急预案,保电工作承办方及相关单位需定期进行应对突发事件的培训和演练。详细情况见本章 8.2 节、8.5 节。

(3) 应急队伍建设

电力行业坚持专精结合、平战结合的原则,根据自身应急工作特点,建立不同专业特长、能够承担重大电力突发事件抢险救援任务的电力应急专业队伍,并加强队伍管理和专业培训,目前已基本形成“专业队伍为骨干、兼职队伍为辅助、职工队伍为基础”的应急队伍体系,并且国家能源局及派出机构、部分地方政府和电力企业建立了多层面的电力应急专家队伍,在国家能源局统一指导下,相关专业机构组织专家开展了专业咨询、培训演练、课题研究等工作。

根据国家能源局的摸底调查,全国主要电力企业共有应急队伍约 4.7 万人,部分地方政府和电力企业组织社会应急资源,建设电力应急抢险救援后备队伍,同时,国家电网公司结合实际,组织山东、四川电力公司与具有相应资质和能力的社会应急救援力量开展合作,已与蓝天救援队、IRATA(国际工业绳索技术行业协会)等专业救援力量进行应急救援交流,共享社会救援力量基础信息。

基于重大活动保电特殊需求，重大活动保电工作应急队伍由省公司、地市公司和县级公司三级应急救援基干分队、公司应急专家库成员组成。详细情况见本章 8.3 节。

(4) 技术保障和资金物资后勤保障

应付紧急突发事件是一个系统工程，它的技术保障和资金物资后勤保障显得非常重要。突发事件发生后，应该有足够的技术保障来保证信息传递及指挥机构指令下达畅通无阻，尤其是保障调度指挥部门工作场所、调度自动化及通信系统能够正常、连续行使调度职能。重要工作场所应能及时提供应急电源，包括不间断电源以及柴油发电机等。应对突发事件，就好比一场战争，后勤工作关系到战争成败，对工作人员的后勤补给应及时充足。同时应安排足够资金，用于购置应对突发事件的应急设施、设备、器械及人员培训。应对突发事件的应急设施、设备、器械等物资储备应定置存放、定期检查、及时补充，保证在紧急情况下各保障体系反应快速、物流畅通。技术保障和资金物资后勤保障可以与各级政府及其他企业单位共同完成，并形成设备物资互相支援，也可以在国网公司内部互相调用支援。

(5) 应急响应

应急响应包括应急启动、应急处理、应急结束。应急指挥机构事先应确定重大活动保电工作突发事件等级并划分应急状态，突发事件发生后，由指挥机构根据突发事件等级宣布进入相应的应急状态，各部门单位根据事先制定的应急预案进行应急处理。应急结束后及时进行调查和评估，形成总结报告和提出改进措施，及时完善相应的应急规范。

(6) 应急信息汇报与发布

应建立重特大事故汇报制度，保证保电突发事件发生后，信息能够根据事件等级在规定的时间内按规定的程序向上一级汇报，并同时根据情况，由电力公司指定或授权的部门对社会发布信息，与媒体沟通，以取得社会的理解支持和应急响应。

(7) 其他

指挥机构宣布启动电力系统应急机制后，可视需要，请求政府应急领导小组援助(包括技术援助)，请求社会紧急支援，包括交通、公安、通信、新闻媒体等各部门以及其他应急物资生产企业的援助，争取外界的支持。

8.1.4　意义

科学健全的应急管理机制是保证重大活动电力安全，提升应急管理效果，以及面对突如其来的安全事故快速做出反应的根本依据和重要指导。拥有坚实的应急管理系统和应急机制，能够使电力企业具备应对重大活动突发事件的能力，并提高应急处理的效果。电力企业在制定安全应急管理机制时，必须要结合当前电力企业电力能源生产过程中的实际情况以及社会发展动态和经济建设的实际水平，充分全面地掌握及预测可能存在的风险和安全事故隐患，并制定出具有针对性的应急管理方案，以确保电力安全，使应急管理和应急机制发挥出其应有的作用。

8.2 应急预案

8.2.1 内涵

应急预案指面对突发事件如自然灾害、重特大事故、环境公害及人为破坏的应急管理、指挥、救援计划等。它一般应建立在综合防灾规划上，其几大重要子系统为：完善的应急组织管理指挥系统；强有力的应急工程救援保障体系；综合协调、应对自如的相互支持系统；充分备灾的保障供应体系；体现综合救援的应急队伍等。

科学合理的应急预案是大型活动保电工作的基本要求，应急预案的合法性是安全管理的底线，因此电力单位需要认真地了解相关的法律法规再编制应急预案。电力单位编制的应急预案的内容应该含有法律法规关于安全作业的所有内容，这样才能有效地应对各种灾难的发生，同时也要根据保电工作的具体情况来编制应急预案的数量，针对一些特殊情况也要编制具有针对性的解决方案或者应急预案。

电力企业应当按照国家和行业网络与信息安全保障要求，制定重大活动期间的网络与信息安全防护策略和防护措施，制定专项应急预案，开展应急培训和演练。供电企业应当开展重点用户供用电安全服务，提出安全用电建议，督促重点用户进行安全隐患整改，指导重点用户维护维修用电设施，协助重点用户制定停电事件应急预案，开展应急培训和演练。

重大活动电力安全保障突发事件应急预案主要包括：人身事故、电网事故、设备事故、重点用户停电事件、发电厂全厂停电事故、网络信息系统安全事故、自然灾害、燃料供应紧缺事件、外力破坏和恐怖袭击、环境污染事故等应急预案。

8.2.2 预案编制及备案

重大活动电力保障应急预案的编制管理应以国家能源局发布的《电力企业应急预案编制导则》为依据。以大面积停电事件应急预案的编制情况为例，如图 8.3 所示，全国 31 个省级政府和新疆生产建设兵团均已完成大面积停电事件应急预案编制，并有 17 个在近 3 年内开展过应急演练。地市级层面，国家电网、南方电网、内蒙古电力经营区范围的 412 个地市级政府中，295 个已完成大面积停电事件应急预案编制，占总数的 71.6%；176 个在 2020 年已完成或计划完成大面积停电应急演练，占总数的 42.7%。县区级层面，国家电网、南方电网、内蒙古电力经营区范围内的 2132 个县区级政府中，897 个已完成大面积停电事件应急预案编制，占总数的 42.1%；600 个县区在 2020 年已完成或计划完成大面积停电演练，占总数的 28.1%。

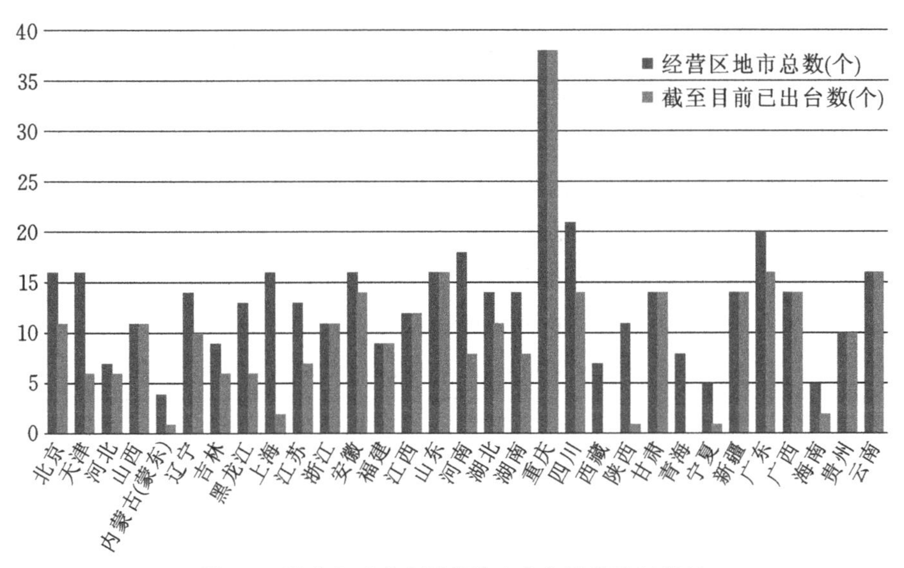

图 8.3 地市级政府大面积停电应急预案编制情况

同时，应紧抓电力企业的应急预案编制备案工作不放松，目前主要电力企业均已建立由总体应急预案、专项应急预案和现场处置方案组成的应急预案体系，内容涵盖自然灾害、事故灾难、公共卫生和社会安全 4 类突发事件。国家能源局组织建立了电力企业应急预案评审专家库，并多次对专家进行培训，规范专家行为，保障应急预案评审质量。同时将应急预案编制和备案情况纳入电力企业督查检查范围，督促电力企业按照国家能源局的有关要求编制并备案应急预案，督促电力企业深入开展应急培训并定期组织演练，切实提升应急管理能力。

案例 8.1：国网陕西电力第十四届全运会电力安全保障"1+12"预案体系

为全面做好十四运会电力安全保障工作，确保公司能正确、有效、快速应对处置十四运会供电保障期间发生的突发事件，最大限度地预防和减少突发事件及其造成的损失和影响，保证全运会供电保障期间正常供电。陕西电力公司成立了以董事长为总指挥的"1+12+18+1"保电指挥体系，即在省公司层面，成立 1 个保电总指挥部，下设设备管理、优质服务、电网建设、调度运行、网络安全、维稳保密、新闻宣传、物资供应、后勤防疫、治安保卫、党团建设、综合协调等 12 个专业工作组；在地市公司层面，依托 14 个供电公司、安康水电厂、检修公司、信通公司、送变电公司设置 18 个保电分指挥部；在西安奥体中心成立保电现场指挥部，统筹各项保电指挥工作。并编制了"1+12"保电工作方案(1 个总体方案和 12 个专业子方案)，全面指导各项供电保障工作。

应急预案涵盖危险源分析、组织机构与职责、预防与预警、应急响应、信息报告与发布、应急保障等内容，全面指导应急救援工作全过程。

8.2.3 预案演练

为提高重大活动保电工作发生突发事故时专业人员的快速反应能力，检验企业领导非正常状态下的组织能力，缩短处理事故的时间，减少事故状态下的经济损失，根据国家有关法律法规及上级主管部门要求，本着“安全第一，预防为主”的方针，并使企业职工牢固树立电力安全生产重要性的观念，应定期或不定期地组织突发事故应急演练。通过应急预案演练，查找保电工作中存在的薄弱环节，采取措施进行补救，以保证正确快速地处理异常状况，保证重大活动的安全运行。

表 8.1 所示为××供电分公司电网大面积停电事故应急演练组织方案。

表 8.1　××供电分公司电网大面积停电事故应急演练组织方案

<table>
<tr><td>演练名称</td><td colspan="3">电网大面积停电应急预案演练</td></tr>
<tr><td>参照标准</td><td colspan="3">各类事故应急预案</td></tr>
<tr><td>演练目的</td><td colspan="3">在电网“迎峰度夏”“防汛救灾”和重要会议、活动期间，开展此次电网大面积停电应急演练，旨在检验公司应急管理工作，锻炼和考验生产指挥人员在电网、设备发生重大事故时的快速反应能力和综合协调能力，考验调度、变电运行值班人员应对突发事故的应急处理能力，考验抢修人员的应急反应速度，检验各级人员对公司安全生产应急预案的熟悉、掌握程度，是对各级指挥系统、生产人员的一次全方位检验。</td></tr>
<tr><td>演练分类</td><td>大面积停电演练</td><td>演练方式</td><td>专项演练</td></tr>
<tr><td>组织机构</td><td colspan="3">1.本次演练由××供电分公司主办，××县政府和××分公司相关部门领导观摩。
2.参加演练单位：××供电分公司调度所、保线站、35 kV 城关变电站、35 kV 禹居变电站、35k V 延水关变电站、35 kV 稍道河变电站、城关供电所。
3.电网大面积停电事故应急演练领导小组负责应急演练工作的指挥和指导，领导小组下设应急指挥中心，应急指挥中心下设事故应急处理组、后勤保障组、安全监督组、宣传报道组等。
应急指挥中心：具体负责大面积停电事故演练工作。
事故应急处理组：负责组织好大面积停电应急处理队伍，落实好备品备件、抢修材料。制定处理方案并组织实施，确保处置大面积停电工作圆满完成。
后勤保障组：负责组织协调大面积停电应急处理过程中的临时经费支出、车辆组织、后勤保障等工作。
安全监督组：负责组织协调大面积停电应急处理过程中的安全监督。
宣传报道组：负责电网大面积停电及应急处理的信息发布、宣传报道工作。</td></tr>
</table>

续表8.1

<table>
<tr><td>演练名称</td><td colspan="2">电网大面积停电应急预案演练</td></tr>
<tr><td>技术措施</td><td colspan="2">1.值班员利用调度电网接线系统模拟电网演练平台，再现事故时电网的动态过程，参加演练人员通过投影观看演练时电网变化情况。
2.利用专用演练电话，保证演练期间组织联系和事故处理的通信畅通。
3.由经验丰富、业务精湛的专业人员在指挥室担当事故讲解员，向观摩人员和参加演练人员同步介绍事故发展过程、处理过程，以便其清楚了解事故情况。</td></tr>
<tr><td rowspan="6">组织及准备</td><td>领导小组</td><td>××</td></tr>
<tr><td>应急指挥中心</td><td>××</td></tr>
<tr><td>事故应急处理组</td><td>××</td></tr>
<tr><td>后勤保障组</td><td>××</td></tr>
<tr><td>安全监督组</td><td>××</td></tr>
<tr><td>宣传报道组</td><td>××</td></tr>
<tr><td>安全保障方案</td><td colspan="2">1. 为了确保电网生产系统的正常运行不受影响，参加演练的人员与正常值班人员完全隔离。
2. 演练过程中，实时生产系统运行正常，运行值班人员严格值班，演练各工作现场安排相关专责值班，保证演练顺利进行。
3. 现场演练人员应全部穿着有明显标志的工作服。
4. 规定参演人员进行业务联系时，先自报单位、职务和姓名，并在职务前冠以“演练”两字，如“调度演练值班员牛治龙”“×××变演练值班员牛治龙”，以防电话串入正常生产调度系统后，引起生产混乱。
5. 参演单位的实际生产系统如果发生重大事故需中断演练程序，须立即向指挥中心汇报，以便必要时退出事故演练或停止全网演练过程。</td></tr>
</table>

8.3　应急队伍

8.3.1　组建原则

应急队伍按照“分层管理、分级应对、平战结合、专业搭配、装备专业”的原则，建成“一专多能、一队多用”的应急队伍，在应急状态下，承担重大活动保电工作的抢修任务。

重大活动保电工作应急队伍由省公司、地市公司和县级公司三级应急救援基干分队、应急专家库成员组成,电力保障领导小组组长应由本单位主要党政负责人担任,成员由相关部门主要负责人组成,明确领导小组职责;小组应覆盖综合协调、电网运行、设备保障、优质服务、新闻宣传、应急处置、保卫防恐、信息网络安全、后勤保障、信访维稳等方面,并明确工作成员组成及职责。

8.3.2 应急队伍建设

电力行业应坚持专精结合、平战结合的原则,根据自身应急工作特点,建立不同专业特长、能够承担重大电力突发事件抢险救援任务的电力应急专业队伍,并加强队伍管理和专业培训,形成"专业队伍为骨干、兼职队伍为辅助、职工队伍为基础"的应急队伍体系。国家能源局及派出机构、部分地方政府和电力企业建立了多层面的电力应急专家队伍,目前全国主要电力企业共有应急队伍约4.7万人,其中,发电企业3.4万人,电网企业0.3万人,电建企业1万人。同时,部分地方政府和电力企业组织社会应急资源,建设电力应急抢险救援后备队伍,例如国家电网公司结合实际,组织山东、四川电力公司与具有相应资质和能力的社会应急救援力量开展合作,已与蓝天救援队、IRATA(国际工业绳索技术行业协会)等专业救援力量进行应急救援交流,共享社会救援力量基础信息。

国家电网公司、中国南方电网公司、中国华能集团有限公司、中国大唐集团有限公司、中国华电集团有限公司、国家电力投资集团有限公司、中国电力建设集团有限公司、中国能源建设集团有限公司、国家能源投资集团有限责任公司等重点电力企业根据自身应急工作特点,建立了不同专业特长、能够承担重大电力突发事件抢险救援任务的电力应急专业队伍,并加强队伍管理和专业培训。应急基干分队演练如图8.4所示。

图8.4 应急基干分队演练

8.4 应急装备

省、地市、县三级应建立应急装备仓库，配备应急处置所需的抢修、信息通信、交通等各类装备和电力抢险物资，为事件处置提供保障；各单位应结合重大活动举办地域社会环境、自然环境及产业结构等实际情况，增设相关装备。

8.4.1 应急物资储备体系

电力行业正不断健全应急物资储备管理体系，依据“规模适度、布局合理、功能齐全、交通便利”的原则，充分发挥集团化优势，因地制宜，形成覆盖各大区域的应急物资储备库，实现应急物资的合理储备和快速供应。同时建立物资保障服务机制，有效提高应急支援效率。电网企业利用现有资源，在山东、四川、湖北、河南、广东等多个地区设置了电力应急物资储备库，满足跨省、跨区域应急处置需求。

重大活动保电工作因其工作特殊性，应加强应急管理装备技术支撑，优化整合各类科技资源，推进应急管理科技自主创新，确保电力应急物资供应充足、管理先进、调度有效，遵循统筹管理、科学分布、合理储备、统一调配、实时信息的原则，建立两级应急物资管理体系，依靠科技提高应急物资装备的科学化、专业化、智能化、精细化水平，形成上下贯通、协同运作的应急物资调配机制，保证应急抢险物资及时供应到位。在重大活动保电期间，地市、省、总部三级应急物资供应工作机制应按照“先近后远、先利库后采购”和“先实物、再协议、后动态”的应急物资供应流程，确保应急物资及时到位。

应着重优化应急物资储备的种类和数量，进一步健全快速、灵活、有效的应急物资采购配送机制；加强应急物资维护和保养，强化退库归档管理；提高储备管理信息化水平，建立应急物资协调联动调拨机制，进一步夯实应急物资储备基础，提升保障能力。

案例 8.2：应急物资储备体系建设

近年来，国家电网公司应急物资储备体系建设取得良好成效。应急物资储备达到一定规模，地市级以上单位共有应急物资储备仓库 525 个，储备了救灾、抢修工器具、电网抢修材料和设备等多种物资；储备和管理制度进一步完善，建立健全了应急物资定额编制、采购入库、应急调拨、资产处置等全过程的管理制度。公司应对青海玉树地震、甘肃舟曲特大山洪泥石流灾害，以及江西、四川洪灾期间，应急物资供给及时到位，充分发挥了保障功能。国家电网公司要求下一阶段着重优化应急物资储备的种类和数量，进一步健全快速、灵活、有效的应急物资采购配送机制；加强应急物资维护和保养，强化退库归档管理；提高储备管理信息化水平，建立应急物资协调联动调拨机制，进一步夯实应急物资储备基础，提升保障能力。

8.4.2 应急救援装备

应急救援装备是应急队伍的主要工具，是形成战斗力的基本条件，是提升重大活动保电工作时应急救援效能的重要保障，在提高应急救援效率、维护救援现场稳定、保障生命财产安全方面发挥着重要作用。应急救援装备按其功能可分为单兵装备、应急供电与照明、紧急救护、应急通信、搜救与破拆、水域救援、高空救援、运输及后勤保障等 8 大类，共计 44 小类，如图 8.5 所示。

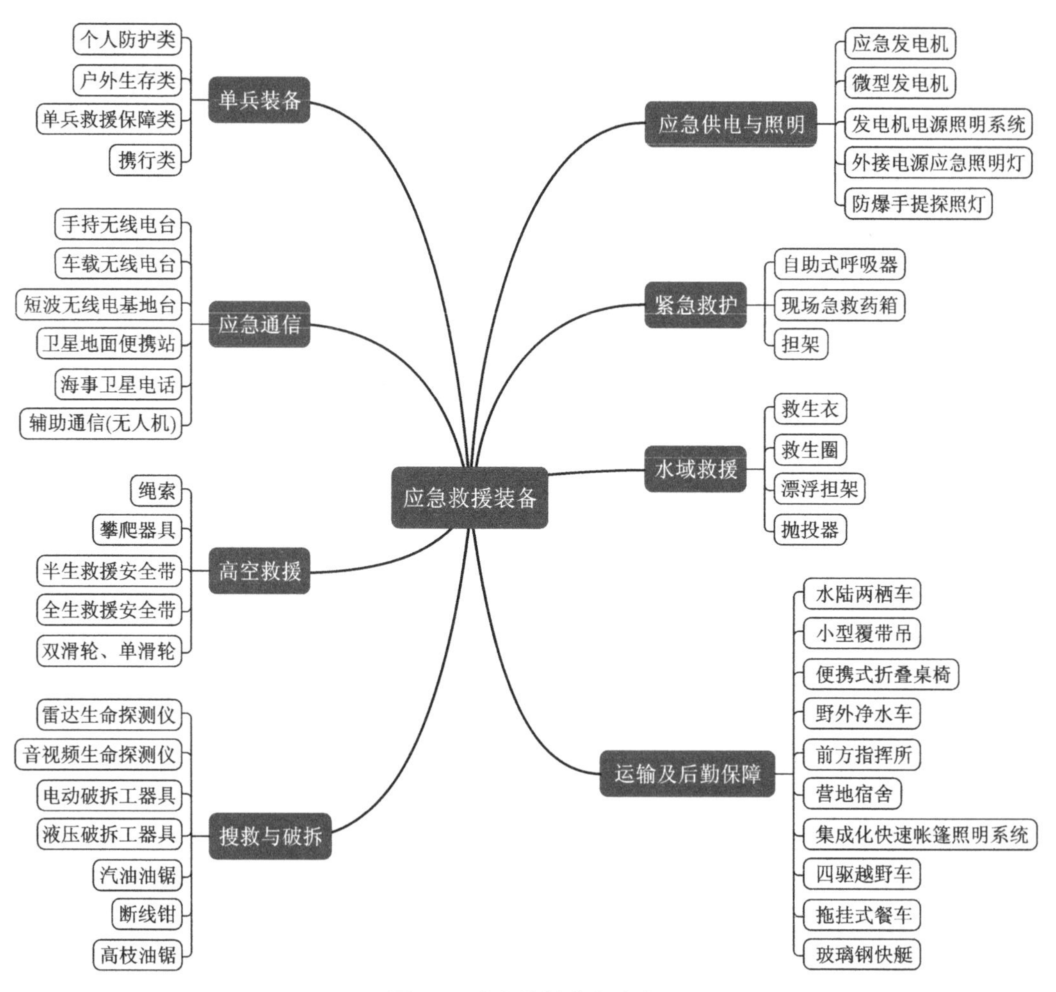

图 8.5 应急救援装备分类

重大活动保电工作承办方等相关单位应根据其工作特点及地域社会环境、自然环境及产业结构等实际情况，进行相关装备增减，保证保电工作应急装备的供应需求。

8.5 培训演练

8.5.1 电力应急基地

电力应急基地是集电力应急人才培养、电力应急研究、电力应急咨询、电力应急抢险于一体的应急教育培训、科研与救援一体化基地。为满足电力行业应对突发事件的需要,以促进电力应急产业聚集发展为目标,进一步加快应急队伍建设,弥补应急人员应急知识技能短板,国家能源局批复了以中国安能建设集团有限公司为依托的国家电力工程应急救援中心及基地,两个国家级电力应急培训演练基地分别为:国家电网公司四川应急基地和南方电网公司广东应急基地。以国家级应急基地为依托,为全国电力应急救援和应急管理工作人员开展事故灾害救援实训演练提供基础支撑。如开展以自救互救为核心的应急技能和理论培训,开展疏散逃生、应急避险等专项应急演练等。国家电网公司应急培训基地揭牌仪式如图 8.6 所示。

图 8.6 国家电网公司应急培训基地揭牌仪式

重大活动保电工作承办方等相关部门应组织人员进行相关培训演练,充分利用国家电网公司应急培训基地和各省公司应急培训基地、技能培训中心等资源,保证应急队伍救援能力的建设,有效提高保电工作安全性。

案例 8.3:国家级电力应急培训演练基地
国家电网公司已于 2011 年建成山东和四川两个国家级应急培训基地。国家电网公司已将新的应急基地建设纳入年度应急重点工作任务,将组织国网山东公司、四川公司等单位深入调研,制定基地建设标准,完善建设方案,拟在福建、湖北、上海、北京等地建设专项的应急培训演练基地。目前,国家电网四川应急基地积极组织开发了应急理论、电网应急抢修、心理素质拓展训练、特种设备操作、应急避险与逃生等 50 个培训科目,组织编制了《应急救援基干分队培训手册》《突发事件应急管理》《突发事件应急法律制度》等 16 种培训教材,并采取"专兼结合、内外结合"的方式建设培训师资体系。基地建成投运后,应急培训师资队伍规模达到 143 人,累计组织开展了 23 期培训班工作,培训人数 1122 人。

8.5.2 宣教培训

为保证重大活动电力正常运转,保电工作承办方等相关部门应根据可能承担的应急救援任务特点,建立应急宣教培训体系,组织协调进行相关培训,并由上级安全管理部门进行监督实施。培训内容主要分为应急理论、基本技能、专业技能、应急装备操作技能四大类,培训科目分为应急管理理论、规章制度,灾难体验、紧急避险常识等 24 类,如表 8.2 所示。

表 8.2 基本培训科目

类别	培训科目
应急理论	应急管理理论、规章制度
	灾难体验、紧急避险常识
基本技能	体能训练
	心理训练
	拓展训练
	疏散逃生
	游泳逃生
	现场急救与心肺复苏
	安全防护用具使用
	高空安全降落
	起重搬运

续表8.2

类别	培训科目
专业技能	现场处置方案编制
	舆情应对与品牌维护
	灭火消防
	特种车辆驾驶
	现场破拆与导线锚固
	山地器材运输
	水面人员救援、器材运输
	救援营地(帐篷、后勤保障设施)搭建
	野外生存
应急装备操作技能	现场低压照明网搭建
	应急指挥车、通信车、海事卫星通信与单兵使用
	冲锋舟、橡皮艇操作技能
	危险化学品、高温等环境特种防护装备使用

8.5.3　应急演练

全国主要电力企业都开展了各种形式的应急演练,应急演练更注重实战化和基层化,面向班组、面向全员,多部门、多单位参与的综合应急演练都开展了专项评估。一些电力企业应用桌面演练流程技术和虚拟现实技术,以提升应急演练质量和实效。

电网企业应会同重大活动场所物权所有方,依据保电准备工作的进程安排,结合其他专业演练或综合演练,制订演练计划、编制重大活动场所电力保障演练方案。演练应在重大活动开始前完成,并预留足够的时间整改完善保障方案。演练结束后,电网企业应会同重大活动场所物权所有方开展演练评估,并编制演练评估报告,提出整改意见和完善保电方案、应急预案的建议。演练评估报告应包含演练基本情况、演练执行情况、演练发现的问题及整改建议等方面。

<table>
<tr><th colspan="2">案例 8.4:2020 年西安市大面积停电事件应急演练工作方案</th></tr>
<tr><td>演练目的</td><td>通过模拟用电高峰期间西安市大面积停电,锻炼和检验西安市政府处置大面积停电事件能力。
1.检验西安市大面积停电事件应急预案、西安市大面积停电事件应急处置领导小组成员单位应急联动预案,查找预案中存在的问题,进而完善应急预案,提高应急预案的实用性和可操作性。
2.检验在大面积停电事件背景下,市政府相关部门联合处置及单独处置的能力。磨合大面积停电事件政企应急联动机制,有效利用现有资源,科学、协同处置大面积停电事件。
3.检查相关单位和部门应对大面积停电事件所需应急队伍、物资、装备、技术等方面的准备情况,提高应急事故处置综合能力。
4.提高相关部门和单位对大面积停电应急预案的熟悉程度,提高其应急处置能力水平。
5.普及电力应急知识和技能,增强重要用户和社会公众的停电危机意识,提高全社会在停电事件发生时的自救、互救能力,应对次生衍生灾害能力。</td></tr>
<tr><td>演练组织机构</td><td>1.演练工作指挥部
负责统一领导、协调应急演练筹备和实施相关工作;负责审定应急演练工作方案及演练脚本,对相关工作提出意见和建议;负责演练过程中重大事项的指挥、决策和部署;负责审定应急演练总结。
2.演练筹备工作组
根据演练内容和筹备工作需要,为加强责任分工和协调配合,成立导演策划组、技术支持组、演练科目组、新闻宣传组、评估专家组共 5 个工作组,完成各项筹备工作。
导演策划组:负责演练总体方案、脚本的策划、设计、编制,演练过程中的后台指挥、协调等工作,其他专项工作组综合协调、演练现场服务安排、安全监督等工作。
技术支持组:负责现场大屏视频接入等技术保障,负责演练的实时视频互联互通、现场通信设备等技术保障,负责完成演练所需的情景引导 PPT 及音视频的拍摄和制作,负责演练配套的场地布置、宣传展示设计、文件资料打印等。
演练科目组:负责大面积停电突发事件中各环节的情景构建,实战演练环节的组织及子脚本的编写,配合完成相关视频素材提供。
新闻宣传组:负责对本次应急演练工作进行新闻报道、宣传等工作。
评估专家组:熟悉演练方案,参加演练现场观摩,组织对演练过程进行现场点评,实施演练后的总体评估。</td></tr>
</table>

<table>
<tr><td>演练科目</td><td>科目 1:电网应急处置
科目描述:110 千伏长务牵Ⅰ、Ⅱ线为同沟电缆,电缆沟塌方,务庄牵线电缆外护套受损,电缆绝缘损伤击穿,造成长务牵Ⅰ、Ⅱ线线路跳闸。国网西安供电公司立即安排人员对故障线路进行应急抢修,恢复务庄牵引变供电。
牵头单位:国网西安供电公司。
科目 2:十四运篮球比赛场馆停电应急处置
科目描述:十四运篮球比赛场馆主供电源被迫停电,国网西安供电公司立即调派发电车对比赛场馆恢复应急供电,市公安局做好比赛场馆内外的秩序维护及人员疏散。
牵头单位:市十四运执委会。
参演单位:国网西安供电公司、市公安局。
科目 3:全运会场馆通信拥堵应急处置
科目描述:全运会场馆周围部分通信基站受停电影响停止工作,场馆周边通信网络出现拥堵,网络速率下降严重,需要开展临时通信保障。
牵头单位:市工信局。
科目 4:全运会酒店电梯困人应急处置
科目描述:天气炎热,灞桥区维也纳酒店停电导致比赛选手无法正常作息,且酒店所有电梯停运,多名群众被困。急需营救被困人员,并对酒店进行应急供电保障。
牵头单位:市场监管局。
参演单位:市卫健委、市消防救援支队。
科目 5:地铁停运应急处置
科目描述:长务牵Ⅰ、Ⅱ线线路跳闸,务庄牵引变无备用电源。造成地铁 3 号线广泰门至保税区站大面积停电,该区段列车无法运行,早高峰期间部分车站有大批乘客滞留,车站和车厢内乘客由于等候出站时间过长出现焦虑情绪,急需进行乘客疏导与接驳,安抚乘客情绪,并维护现场秩序。
牵头单位:市交通局。
参演单位:市公安局、市轨道交通集团。
科目 6:交通拥堵应急处置
科目描述:停电造成浐灞生态区北辰路交通信号灯不工作,车辆拥堵严重,同时,由于车辆拥挤抢道,1 名行人被车辆撞伤,且救护车不能到达现场,急需安排警力开辟绿色通道,并进行现场交通疏导。
牵头单位:市公安局。
参演单位:市卫健委。
科目 7:舆情应对与新闻发布
科目描述:某比赛选手上传停电视频和图片,引发网友高度关注和讨论,有不少网友质疑西安市供电保障工作。市大面积停电应急指挥部立即进行舆情应对,引导舆论走向。针对媒体和网友高度关注的停电事件影响和恢复时间等问题,市委、市政府高度重视,准备召开新闻发布会,对事故相关情况进行统一发布。
牵头单位:市委宣传部。
参演单位:市发改委。</td></tr>
</table>

演练工作计划	1.制定演练工作方案 编制《演练工作方案》和《演练脚本框架》，明确演练目的和工作原则，确定分步实施计划安排；明确演练人员范围、事故场景、故障设置、事件影响、主要演练内容，确定演练脚本框架；明确演练组织机构与职责。 2.召开演练工作启动会议 组织召开演练工作启动会议，审查通过《演练工作方案》和《演练脚本框架》，明确各部门及单位职责，落实各部门或单位参加演练专业小组的具体人员名单及联系方式。 3.演练脚本框架内容修改 各参演部门或单位按照演练脚本框架，填报完善各自负责内容，并反馈至导演策划组。 4.组织开展演练方案及脚本研讨 组织相关参演部门或单位，开展演练脚本研讨并定稿。 5.完成演练视频资料摄制 组织公司各部门、单位开展分步模拟演练，完成演练视频拍摄、配音及制作工作；完成总体演练情景引导 PPT、演练宣传片制作及配音工作。 6.组织开展预演练 组织开展预演练，根据预演练情况不断改进完善演练脚本、音视频、旁白、情景引导 PPT 等演练资料。8 月 25 日下午进行第一次预演，8 月 28 日下午进行第二次预演。 7.组织开展正式演练 正式演练前一天完成演练场地布置、资料打印、设备调试工作；正式演练当天，对演练全程进行视频拍摄和直播，组织评估专家组进行现场点评。 8.对演练进行评估和总结 编制演练总结评估报告，合成制作演练全程视频，整理演练过程材料并归档。
演练要求	1.各参演单位切实加强组织领导，把此次应急演练列入重要议事日程，抽调专门力量，指派专人负责，集中时间和精力，按计划完成应急演练任务。 2.按照国务院《突发事件应急演练指南》相关规定，将聘请有关专家对应急预案演练方案进行评估，对演练现场进行考评，对参演单位演练情况进行量化考核，对演练力量使用、情况处置、执行力进行综合评估，各参演单位要按照演练内容、情景设置、力量投入等要求组织参演。 3.演练过程中要统一指挥，加强调度。各项活动应在统一指挥下实施，按照演练的要求，制定具体的工作措施，确保演练人员安全。 4.国网西安供电公司制定演练方案及组织人员参演，其他参演单位负责制定和修订本单位相关应急预案，配合策划组完善演练脚本，并参加演练。 5.提高政治站位，严格落实疫情防控“党政同责、一岗双责”，重点做好演练筹备、演练期间的疫情管控，尽可能减少工作人员聚集、流动，强化演练场所管控，定期消毒杀菌，确保演练全过程疫情防控有力、有序。

9 第十四届全国运动会测试赛电力安全保障实践

9.1 工作方案

第十四届全国运动会(以下简称十四运会)测试赛于2021年5月至6月在陕西渭南举办,为确保十四运会测试赛期间的电网安全稳定运行和可靠供电,特制定本方案。

9.1.1 指导思想

认真贯彻渭南市委市政府及陕西省电力公司有关工作部署,严格落实公司安全生产工作要求,加强组织领导,明确责任分工,全面统筹协调,细化方案措施,加强过程管控,强化疫情防控,开展供电保障体系测试,为十四运会测试赛提供安全可靠的供电保障,为正式比赛电力保障积累宝贵经验。

9.1.2 工作目标

举全公司之力,以最高的标准、最有效的组织保障、最可靠的技术措施、最饱满的精神状态、最严明的工作纪律,确保十四运会测试赛期间渭南电网安全稳定运行,确保比赛场馆、重要活动场所、运动员驻地、接待酒店、新闻中心等重要用户可靠供电,不发生停电及对供电服务有影响的事件,实现保电范围“电力设备零故障、重要负荷零闪动、保电服务零投诉、电力安保零事件、人员工作零差错、网络信息安全零漏洞”目标。在保障实践中,对保电组织体系、工作机制运转、队伍保障能力和设备健康水平等方面进行全方位测试,在保障中开展测试,在测试中完成保障,进一步提升十四运会和残特奥会供电保障能力。

9.1.3 保电时段和工作标准

1. 保电时段

2021年5月8日至6月7日,每场比赛(重大活动)开始前2天8时起至比赛(重大活动)结束后1天18时止(具体比赛时间以竞委会最终公布的时间为准),为十四运会测试赛保电时段。其中,每场比赛开始前2 h至结束后1 h为一级保电时段。保电期间,除一级保电时段外,其他时段均为二级保电时段。

2. 工作标准

(1) 一级保电时段

一级保电时段工作标准为：

① 1名保电场馆负责人在现场应急指挥部在岗带班，4名保电人员在现场应急指挥部在岗值班并轮班巡视现场；

② 发电车接入到位，随时做好启动准备；

③ 重点变电站有人值班，重点线路加强巡视看护，抢修队伍在岗待命。

(2) 二级保电时段

二级保电时段工作标准为：

① 1名保电场馆负责人在现场应急指挥部在岗带班，4名保电人员在现场应急指挥部在岗值班并轮班巡视现场；

② 发电车接入到位，随时做好启动准备；

③ 重点变电站、重点线路加强巡视，抢修队伍在岗待命。

9.1.4 保电工作组织

公司十四运会和残特奥会保电工作领导小组，全面负责测试赛电力安全保障工作。领导小组下设办公室，设在公司安监部。结合工作职责分工，具体设综合协调、设备管理、调度运行、优质服务、基建安全、网络安全、维稳保密、物资保障、新闻宣传、后勤保障、治安保卫和党群保障12个工作组。

(1) 综合协调组。负责组织落实公司决策部署，研究制定公司保电工作总体方案和综合协调保障工作方案，组织开展监督检查，督促指导各单位落实保电措施，牵头组织保电值班，收集、汇总保电工作相关信息，做好保电工作信息报送。

责任部门：公司安监部。

(2) 设备管理组。负责电网设备运行维护和安全防护工作，制定主配网设备管理保障工作方案，排查治理主配网设备缺陷隐患，组织各单位落实主配网设备运行维护、重要设备的安全防护措施要求，确保各级电力设备设施安全。

责任部门：公司运检部；公司配网部。

(3) 调度运行组。负责合理安排电网运行方式，优化检修施工计划，制定电网调度运行保障工作方案，组织各供电公司落实电力调度控制措施要求，开展电网安全风险辨析、评估工作，并制定相应防范和控制措施，强化通信系统管理和保障，确保电网安全稳定运行。

责任部门：公司调控中心。

(4) 优质服务组。负责保电相关优质服务和有序用电工作，制定优质服务保障工作方案，组织各供电公司细化方案，开展用电安全检查，落实保电措施，协助重要用户、重点单位保障安全可靠供电，强化国网陕西营销服务中心客服值班，组织各供电公司做好供电优质服务。

责任部门：公司营销部。

(5) 基建安全组。负责电力建设安全和应急抢修支援工作，制定基建安全保障工作方案，加强电力建设施工作业管控，开展电力建设工程施工安全检查，组织各单位落实施工安全措施要求，确保电力建设安全和施工队伍稳定。

责任部门：公司建设部。

(6) 网络安全组。负责保电相关信息系统和网络安全工作，制定信息系统和网络安全保障工作方案，组织国网陕西信通公司和各相关单位保障信息系统正常运行，落实防网络攻击各项措施要求，确保网络安全。

责任部门：公司互联网部。

(7) 维稳保密组。负责保电相关维护稳定和保密工作，制定维稳保密保障工作方案，组织各单位落实维护稳定和保密各项措施要求，确保不发生泄密和影响稳定的事件。

责任部门：公司办公室。

(8) 物资保障组。负责保电相关物资采购、储备、配送工作，制定物资保障工作方案，组织各单位落实公司物资保障各项措施要求，确保物资供应充足、配送及时。

责任部门：公司物资部。

(9) 新闻宣传组。负责保电新闻宣传工作，制定新闻宣传保障工作方案，组织相关单位落实公司新闻宣传各项措施要求，积极应对舆情，做好舆论引导，营造良好的内外部舆论环境，维护国家电网品牌形象。

责任部门：公司宣传部。

(10) 后勤保障组。负责公司疫情防控和本部保电值班后勤保障工作，制定后勤保障工作方案，组织各单位落实疫情常态化防控和后勤保障各项措施要求，做好健康检查、消毒杀菌、后勤服务和小型基建安全管控等工作，确保“双零”目标。

责任部门：综合管理室。

(11) 治安保卫组。负责公司本部调度大楼的消防治安保卫和保电重点部位的反恐安保工作，制定治安保卫保障工作方案，组织指导各单位落实消防治安保卫和反恐安保各项措施要求，确保各级调度大楼和保电重点部位安全。

责任部门：供电运维分公司。

(12) 党群保障组。负责公司保电党建引领、先进典型选树、党员和职工思想政治工作，制定党群保障工作方案，组织指导各单位落实党群保障各项措施要求，充分发挥党支部战斗堡垒作用和党员先锋模范作用。

责任部门：公司党建部。

9.1.5 供电保障体系测试重点

1. 组织体系与工作机制运转

重点对保电组织体系建立、工作机制运转情况进行测试，检验组织体系完整性、职责分工及落实情况、沟通协调机制及能力、相关制度规范执行及适应性等。

2. 指挥协调与突发事件应急处置

检验应急指挥体系运转、应急预案适用性、应急处置流程合理性等，在突发事件发生时，能否对照相关应急预案第一时间启动响应、高效处置。

3. 保障队伍建设管理与保障能力

重点对保障队伍组建、管理规范性及日常运转、保障技能、协同配合等能力进行测试，检验人员、装备保障能力，锻炼和提升保障工作水平。

4. 相关设备设施运行可靠性

对直供或涉及场馆用电的永久输、变、配电设施和场馆临电设施健康状况及运行可靠性进行测试，检验相关设备设施隐患排查治理及日常运维工作成效。

5. 相关信息系统运行可靠性

对电网调控、配电自动化、设备运行监测、供电服务等十四运会和残特奥会保电相关信息系统进行测试，结合系统运行情况和保障工作需求持续完善系统功能。

6. 客户侧保障能力

对客户侧隐患治理整改技术方案、专业电工配置、“一馆一案”、设备健康水平等进行测试，检验客户侧方案、人员、设备保障能力。

9.1.6 工作要求

做好十四运会测试赛电力安全保障工作，使命光荣，责任重大，任务艰巨。各部门、各单位要在公司党委的坚强领导下，严格落实公司测试赛保电及安全生产各项工作要求，精心组织、统筹协调，理顺工作机制，明确工作责任，扎扎实实做好测试赛电力安全保障工作。

1. 提高政治站位，强化保电意识

各部门、各单位要进一步提高政治站位，切实增强责任感和使命感，围绕中心、服务大局，自觉强化保电意识，突出党建引领，充分发挥党组织的战斗堡垒作用和党员的先锋模范作用。

2. 加强组织领导，落实保电责任

保电组织体系加强与政府部门的沟通协调，争取支持，形成合力，共同推进保电工作。各保电重点单位作为十四运会测试赛保电工作的责任主体，要重视保电工作每一个细节，确保电网安全稳定运行和用户可靠供电。

3. 细化工作方案，落实各项措施

按照职责分工，细化分解保电任务，制定完善保电专业方案、应急预案和现场处置方案。直属各供电公司要制定完善比赛场馆、运动员驻地、接待酒店、新闻中心等重要用户专项保电方案，有效落实各项保障措施。

4. 严肃工作纪律，严格责任追究

保电时段，各单位要认真值班值守，确保信息畅通，严格执行领导带班、管理干部24 h值班和“零报告”制度。各级保电人员要坚守岗位，做好巡视值守。遇有突发事件要第一时间启动应急响应，严格信息报送，确保上下联动、准确快速、及时妥善有效处置。公司有关部门要组织开展监督检查，督导做好各项保电工作。对于因责任不落实、工作不到位等原因，发生安全事故、性质严重的停电事件以及失、泄密事件的，公司将严格追究相关单位和领导的责任。

5. 做好疫情防控，确保人身健康

落实疫情防控要求，做好岗前筛查，落实防护措施，确保人员健康。充分考虑疫情影响，积极做好重要客户沟通协调，落实应急情况下抢修人员、物资装备绿色通道，遇有突发事件及时有效处置。

6. 及时总结经验，持续改进提升

测试赛保电工作结束后，相关部门和单位要及时开展保电工作评估，全面梳理各专业、各阶段、各环节工作开展情况，认真分析总结，提炼成功经验，剖析存在问题，制定针对性措施，持续优化改进，不断提升保电工作水平，为保障十四运会正式比赛奠定坚实基础。

测试赛期间保电工作如图 9.1 所示。

图 9.1　测试赛期间保电工作

9.2 电网运行方式

9.2.1 保电要求

保电要求如下：

(1) 在保电期间，渭南电网原则上不安排设备检修(紧急缺陷和事故处理除外)，保证电网全接线、全保护运行。应优先保证铁路牵引变、党政机关、新闻媒体、交通枢纽、比赛场所(特别是渭南市体育中心、渭南师范学院体育馆、渭南市临渭区体育中心、渭河生态运动公园、韩城西安交大基础教育园体育馆、大荔沙苑沙滩排球场地)的可靠供电。

(2) 各级调度及变电运维班、监控班运行值班人员应加强值班，严肃值班纪律，并针对电网及设备存在的薄弱环节做好事故预想。要求自动化运维班加强值班，确保重载设备运行信息正确，为调度运行提供有力保证。

(3) 运维检修部应做好线路和变电设备的巡视测温工作，尤其要监视负荷变化较大的设备及线路的接点温度，对重要及重载设备要加强特巡，设备异常时应及时与调度联系。

(4) 渭南配调、蒲城县调、韩城县调、潼关县调和渭南分调应根据要求做好相关保电方案。

(5) 在发生变电站全停事故造成对外负荷损失时，立刻通知配网调控中心和相关县调，最大程度地将失压站的双电源用户倒出，或通过“手拉手”方式将负荷倒出。同时地调要立即通知营销部做好停电区域用户解释工作。

(6) 要求各级运行人员在接到事故预案后，应认真学习，熟悉各种事故情况下的处理方式。事故情况下，调度员应正确判断事故原因，积极处理事故，按负荷重要程度逐级恢复供电。如遇有安全自动装置(稳控装置、低频低压减载装置)动作引起的变电站侧用户输出线路开关跳闸情况，调度员应根据系统运行情况及时恢复安全自动装置切掉的馈路。330 kV 设备事故情况下，需将相关 110 kV 变电站设备向其他供电区转移时，地调应先向省调提出申请。

(7) 保电期间，加强信息传递，确保信息传递通畅。对电网、设备发生的异常应及时汇报。调度接到相关电网异常汇报后，及时将情况汇报调控中心有关人员，并通知有关部门尽快处理。

9.2.2 重要保电变电站及线路

保电变电站为：330 kV 渭南变；110 kV 招商变、穆屯变。

保电线路为：110 kV 渭招线、渭毕线(招商 T)，渭穆Ⅰ、Ⅱ线。

保电时间为：2021 年 5 月 8—9 日。

9.2.3 保电客户及保电馈路

保电客户及保电馈路见表 9.1。

表 9.1 保电客户及保电馈路

序号	场馆名称	所在城市	供电单位	供电电源 1(主供电源)			供电电源 2(备供电源)		
				供电变电站及线路名称	110 kV 电源线路名称	所属 330 kV 供电区	供电变电站及线路名称	110 kV 电源线路名称	所属 330 kV 供电区
1	渭南市体育中心体育馆	渭南	国网	110 kV 招商变 128 奥体Ⅰ线	1173 渭招线	330 kV 渭南供电区	招商变 151 奥体Ⅱ线	1174 渭毕(招商 T)线	330 kV 咸林供电区
2	渭河生态运动公园一号足球场	渭南	国网	110 kV 穆屯变 146 红星线	1187 渭穆Ⅰ线、1188 渭穆Ⅱ线	330 kV 渭南供电区	110 kV 招商变 136 乐天中线	1173 渭招线	330 kV 渭南供电区

9.2.4 保电期间运行方式安排

1. 渭南变

330 kV 设备运行方式按省调规定的方式运行，即渭信Ⅰ、渭信Ⅱ、渭代、渭高、渭东Ⅰ、渭乐Ⅰ、渭乐Ⅱ线运行。

1 号、2 号、3 号主变并列运行。渭开Ⅰ、渭开Ⅱ、渭化Ⅰ、渭化Ⅱ、渭毕、渭良、1101 开关在 110 kVⅠ段母线运行，渭庙Ⅰ、渭庙Ⅱ、渭三Ⅰ、渭三Ⅱ、渭辛Ⅰ、渭辛Ⅱ、渭招、渭城、1102 开关在 110 kVⅡ段母线运行，渭穆Ⅰ、渭穆Ⅱ、1103 开关在 110 kV Ⅲ段母线运行，3111 分段、2111、3112 母联开关运行。110 kV 母差保护投入。

2. 招商变

由 110 kV 渭招线供电，招渭开关、1100 开关运行，招商 T 开关热备用。110 kV 备用电源自动投入装置投入。

1 号、2 号主变分裂运行，100 开关热备用(因 10 kV 开关遮断容量不满足运行要求)。

10 kV 备用电源自动投入装置投入，当招商变 1 号、2 号主变总负荷持续超过 65 MW 时，1 号、2 号主变 10 kV 备用电源自动投入装置退出。主变稳控切机负荷装置退出。

3. 穆屯变

正常由 110 kV 渭穆Ⅰ、Ⅱ线并列运行供电，穆渭Ⅰ、Ⅱ开关及 1100 母联开关运行。

1 号、2 号主变分裂运行，100 开关热备用(因 10 kV 开关遮断容量不满足运行要求)。

9.3 电网事故预案

9.3.1 处置原则

电网事故处置原则为：

(1) 预案仅供调度员和各运行单位在事故情况下参考，事故处理需结合当时电网运行方式、负荷、天气等具体情况进行。

(2) 电网发生输变电设备事故，导致输变电设备过负荷或其他威胁电网安全运行的情况需限电时，优先保证比赛场地用电负荷供电。

(3) 事故处理过程中断电倒电源时，需确认相关电站机组及发电单元解列，必要时断开并网线路开关，以防止非同期并列。待事故处理结束后，考虑是否恢复相关电站机组及发电单元并网，相关保护、自动重合闸装置及稳控装置按规定投退。

9.3.2 事故处理预案

案例 9.1：渭南变主变 N-3 故障事故处理预案
处置原则与思路
(1) 110 kV 桥南牵引变、固市变、城区变、良田变 110 kV 备自投装置动作，分别倒由其备用电源供电。 (2) 由 110 kV 桥—党—固(锦)—辛—渭线恢复渭南变 110 kV 母线供电，带党睦变、固市变(岳丰光伏电站)、辛市变、锦绣变、开发区变、招商变负荷。 (3) 其他重要厂站的供电：渭化电厂孤网运行或系统供其保安负荷；恢复重要负荷备用电源的供电。 (4) 负荷控制：严格按照相关联络线允许电流控制负荷，必要时进行方式调整或转移、控制负荷，确保设备安全。优先保证重要市政、居民生活用电及重要客户保安电源供电。

处置步骤
(1) 桥南牵引变 110 kV 备自投装置动作,倒由 110 kV 毕桥线供电;固市变 110 kV 备自投装置动作,跳开固锦开关和固辛开关,合上固党开关,倒由 110 kV 固党线供电;城区变 110 kV 备自投装置动作,跳开城渭开关,合上城区 T 开关,倒由 110 kV 毕良(城区 T)线供电;良田变 110 kV 备自投装置动作,跳开良渭开关(并联跳良门开关),合上良毕开关,倒由 110 kV 毕良线供电。油槐变 110 kV 备自投装置动作,倒由 110 kV 聂槐线供电。此方式下,110 kV 咸毕线运行供毕家变、桥南牵引变、城区变、良田变负荷。若 110 kV 咸毕线过载,应首先对相关变电站 10～35 kV 农、公网机动拉路限电。 (2) 确认渭南变 1101 开关、1102 开关、1103 开关在断开状态,令渭南变拉开 110 kV 渭良、渭化Ⅰ、渭化Ⅱ、渭三Ⅰ、渭三Ⅱ、渭毕、渭城、渭穆Ⅰ、渭穆Ⅱ、渭庙Ⅰ、渭庙Ⅱ开关(剩余 110 kV 渭辛Ⅰ、渭辛Ⅱ、渭开Ⅰ、渭开Ⅱ和渭招开关),合上固市变 110 kV 固锦开关和固辛开关,由 110 kV 桥—党—固—(锦)辛—渭线恢复渭南变 110 kVⅠ、Ⅱ、Ⅲ母线供电(所供变电站为党睦变、固市变(岳丰光伏电站)、锦绣变、辛市变、开发区变、招商变)。 (3) 若渭化电厂发电机组未解列,令渭化拉开化渭Ⅰ、化渭Ⅱ开关,发电机组孤网带其负荷运行,合上渭南变渭化Ⅰ、渭化Ⅱ开关,系统为其提供备用电源;若其发电机组已解列停机,合上渭化Ⅰ、渭化Ⅱ开关,恢复渭化供电,此方式渭化电厂发电机不允许并网,保安负荷控制在 5 MW。 此方式下,110 kV 桥党线运行供党睦变、固市变、锦绣变、辛市变、开发区变、招商变、渭化变负荷,电压可能较低,应调整桥陵变 110 kV 母线电压按上限运行,110 kV 桥党线控制电流 600 A(若桥陵变主变过载,视过载情况分别将盖村变、孙镇变、安里变分别倒 110 kV 富—华—盖线、高—韦—孙线和万安线供电)。 (4) 将良田变以不停电方式倒由 110 kV 代—门—良线供电,良毕开关热备用,110 kV 备自投退出。视负荷情况,将招商变倒由毕家变 110 kV 毕渭线(渭毕开关热备用)供电。 (5) 合上渭南变渭庙Ⅰ、渭庙Ⅱ、渭三Ⅰ、渭三Ⅱ、渭穆Ⅰ、渭穆Ⅱ开关,恢复庙底变、穆屯变、丰原移动变供电,为油槐变、零口牵引变和桥南牵引变提供备用电源(三张变主变所供负荷暂不恢复)。 (6) 若 110 kV 桥党线电流超过 600 A,则将 35 kV 巴邑变以停电方式倒由油槐变供电;下吉变以停电方式倒由 35 kV 下吉 T 线供电。控制 35 kV 华任线电流不超过 300 A。根据负荷及电压情况,渭化电厂逐步恢复部分生产负荷。 (7) 负荷控制原则:优先保证重要市政和重要用户的保安电源。 (8) 在以上方式下,桥陵变带渭南供电区负荷,110 kV 保护不配合存在越级跳闸可能。

9.4 保电值班

9.4.1 指导思想

保电值班的指导思想为:深入贯彻落实党的十九大精神,坚持以习近平新时代中国特色社会主义思想为指导,增强"四个意识",树立安全发展理念,认真贯彻落实党中央、国务院关于安全生产工作的决策部署,以及全国安全生产电视电话会议和全国电力安全生产电视电话会议精神,进一步落实安全生产责任,加强组织领导,健全保障体系,强化风险预控,防范电力事故,确保电力供应安全和生产安全,为十四运会及残特奥会营造稳定的电力安全生产环境。

9.4.2 工作目标

保电值班的工作目标为:以"最高标准、最强组织、最严要求、最实措施、最佳状态",圆满完成保电任务,实现电力设备零故障、重要负荷零闪动、保电服务零投诉、电力安保零事件、人员工作零差错、网络信息安全零漏洞,确保开闭幕式供电万无一失、确保各项赛事和重大活动供电万无一失、确保城市基础保障设施供电万无一失、确保全省生产生活用电万无一失的"六个零、四确保"保电目标。

9.4.3 保电部门及时段

十四运会及残特奥会保电范围覆盖陕西全省 10 个地市及西咸新区,参与保电值班的部门涵盖省级保电总指挥部(包括设备管理、优质服务、电网建设、调度运行、网络安全、维稳保密、新闻宣传、物资供应、后勤防疫、治安保卫、党团建设、综合协调等 12 个专业工作组)和 18 个保电分指挥部(14 个供电公司、安康水电厂、检修公司、信通公司、送变电公司),以及西安奥体中心保电现场指挥部。

十四运会期间保电时段为 2021 年 9 月 13 日 8 时—28 日 18 时。其中,开、闭幕式等国家领导人出席的重大活动开始前 2 h 至结束后 1 h 为特级保电时段;除特级保电时段外,每天 8 时至比赛结束后 1 h 为一级保电时段;其他时间为二级保电时段。

残特奥会期间保电时段为 2021 年 10 月 11 日 8 时—30 日 18 时。其中,开、闭幕式等国家领导人出席的重大活动开始前 2 h 至结束后 1 h 为特级保电时段;除特级保电时段外,每天 8 时至比赛结束后 1 h 为一级保电时段;其他时间为二级保电时段。

十四运会和残特奥会保电值班工作指挥部如图 9.2 所示。

图 9.2 十四运会和残特奥会保电值班工作指挥部

9.4.4 重点工作

保电值班重点工作如下：

(1) 严格落实各级安全生产责任。各保电单位要严格履行安全生产责任，建立健全涵盖全员、全过程、全方位的安全生产责任体系，严格落实企业负责人安全生产责任，压实安全生产保证体系和监督体系责任，按照公司保电工作要求分解落实各项工作任务，全面做好安全生产重点工作。

(2) 加强电力生产安全管理。深入开展安全生产检查和问题整改，重点检查责任落实、风险预控、外包管理、输煤系统、危化品、反违章、火灾防范、供热设备、水电防汛、风电作业安全等十个方面内容。加强日常巡回检查、定期维护和异常分析，及时消除影响安全运行的隐患，防止机组发生非计划停运。加强机组运行管理，合理安排机组运行方式和检修计划，保障备用机组可靠备用，精心监控和调整运行设备，严防由于人为因素而影响机组安全。做好发电燃料供应储备，电煤储量保持合理水平。强化外包项目安全管理，严格作业审批，认真进行安全技术交底，吊装、防腐、高处作业等高危作业必须落实各方安全责任，认真执行现场盯防巡查措施，强化作业过程监管，严肃惩处“三违”现象。加强检修、重大技改项目现场管理，特别是施工现场特种作业设备、受限空间、高空等高风险作业的管理，防止人身伤害事件发生。

(3) 严格做好防疫、度汛保电。严格落实各项疫情防控要求，各保电现场设置防疫专责人，做好调度等关键岗位备班安排，并组建保电预备队，积极做好重要客户沟通协调，落实应急情况下抢修人员、物资装备的绿色通道，确保遇有突发事件时能够及时有效开展处置，督促疫苗接种工作，实现全员“零感染”。认真贯彻落实防汛抗旱部署，强化责任担当，超前做好应急抢险准备，加强挡水沙袋、烘干装置、卫星电话等应急装备配置，全力应对各类突发情况。加强与地方政府、气象部门的沟通联系，持续做好向重要场馆供电设备设施巡视检查和监测预警，坚持领导带班和管理干部 24 h 在岗应急值守，保持通信畅通，强化信息报送，遇有突发事件第一时间启动应急响应，做到科学研判、果断处置、快速应对。

（4）严肃值班纪律，做好每日总结。各部门、分指挥部在一级保电时段必须在岗值守，在总指挥部层面，每天安排 1 名公司领导带班，安排 1 名副总师任值班负责人，带领安监、设备、配网、营销、互联网等 12 个保电工作组牵头部门负责人在总指挥部联合开展在岗值班，每两小时对各分指挥部进行 1 次视频点名，视频点名流线单如表 9.2 所示。在分指挥部层面，要做好每日值班计划，包括值班人员安排，每日巡查设备、线路，保电人员数量等内容，及时跟进现场保电状况，及时向总指挥部报告。充分利用信息化手段，督导现场保电情况，及时掌握异常信息，协调落实应急措施，确保信息畅通，强化信息报送，遇有突发事件第一时间启动应急响应，确保上下联动，做到科学研判、果断处置、快速应对。

表 9.2　视频点名流线单

值班涉及单位	点名内容
公司总指挥部	总指挥部：“各分指挥部，现在开始点名，请各单位依次汇报保电工作情况。”
××公司分指挥部 ××供电公司 ××水力发电厂 ……	一、有赛事供电单位分指挥部 “总指挥部，××公司分指挥部汇报：” 1.我是××公司今日带班领导×××，今日我公司安监、运检、调控等部门负责人共计（　）人在××公司分指挥部上岗值守，今日保电任务进展情况及赛事情况(各项逐一说明)。 2.本地天气情况。 3.我公司安排应急救援队伍（　）人，驻扎在（　）；安排故障抢修队伍（　）支（　）人，驻扎在（　）；安排运行保障人员（　）人对（　）个变电站、（　）条输配电线路、（　）个配电室进行保障值守；针对（　）个外破风险点，安排（　）人上岗值守，其中安保人员（　）人；安排客户侧保电人员（　）人在（　）个场馆，（　）个酒店，（　）家定点医院，（　）个交通枢纽及（　）个其他重要场所值守，场馆保障点位（　）个；安排保电车辆（　）辆，发电车（　）辆。

续表9.2

值班涉及单位	点名内容
××公司分指挥部 ××供电公司 ××水力发电厂 ……	4.所有保障人员均已通过体温检测,无身体不适情况。 5.我公司400M无线对讲机(　)部、单兵通信装备(　)套、布控球(　)个均已开启,并完成点名工作。 6.截至(　)点,我公司电网最大负荷(　)万kW,发生35 kV及以上电网故障(　)起、10 kV故障(　)起、低压故障(　)起,影响居民客户(　)户,其中重要客户(　)户,是否有影响保电的故障,故障抢修进度(或主配网运行一切正常)。 7.其他需要汇报的情况(舆情、社会类事件等)。 ××公司汇报完毕! 二、无赛事的供电单位分指挥部 “总指挥部,××公司分指挥部汇报:” 1.我是××公司今日带班领导×××,今日我公司安监、运检、调控等部门负责人共计(　)人在××公司分指挥部上岗值守。××地区今日无赛事。 2.本地天气情况。 3.我公司安排故障抢修队伍(　)支(　)人;针对(　)个外破风险点,安排(　)人上岗值守,其中安保人员(　)人(或“无安保人员”);共安排保障车辆(　)辆。 4.所有保障人员均已通过体温检测,无身体不适情况。 5.我公司400 M无线对讲机(　)部,已全部完成点名测试。 6.截至(　)点,我公司电网最大负荷(　)万kW,发生35 kV及以上电网故障(　)起、10 kV故障(　)起、低压故障(　)起,影响居民客户(　)户,其中重要客户(　)户,是否有影响保电的故障,故障抢修进度(或主配网运行一切正常)。 7.其他需要汇报的情况(舆情、社会类事件等)。 ××公司汇报完毕! 三、其他单位 水力发电单位重点汇报今日入库流量、出库流量、库容等信息;信通公司主要汇报今日网络安全状况;物资公司主要汇报今日物资调配情况等。
公司总指挥部	“请各单位严格按照公司保电要求做好今日的供电保障工作,重点加强对各赛事场馆、接待酒店、交通枢纽、定点医院等重要场所的供电保障工作,如有突发情况立即向总指挥部报告,本次点名结束。”

9.4.5 保电值班日报

保电日报

（第××期）

××年××月××日

一、总体情况

截至××月××日××时，××电网运行正常，安全生产情况良好，网络与信息系统安全运行，保电形势平稳有序。

二、今日赛程

××月××日举办十四运会比赛××项，涉及××个场馆、××家供电单位。

××月××日比赛赛程

序号	保障单位	场馆名称	比赛项目	比赛时间	比赛总日程	保电等级	当日赛事进度

三、保电工作情况

（一）赛事及重要活动保障情况

截至××日××时，××体育馆承担的所有比赛任务已全部完成，国网××供电公司所有保电任务已完成。

今日，赛事保电单位××供电公司、检修公司共对××个变电站（含开闭所、配电站室）、××条线路、××个活动场所（××个场馆、××个接待酒店、××个定点医院、××个交通枢纽、××个其他场所）开展特巡、节点测温及保电值守等工作，期间未发生停电事件。

（二）保电力量投入情况

今日，各保电单位安排应急救援队伍××支××人集结待命，安排故障抢修队伍××支××人待命，安排运维保障人员××人对××个变电站（含开闭所、配电站室）、××条输配电线路开展巡视看护，安排××人对××处外破风险点进行驻点看守，安排营销服务人员××人对××个活动场所开展用电检查和值守。共计投入保障人员××人、车辆××辆、应急电源车××辆、400 M无线对讲机××部、单兵通信装备××套。

保电力量投入情况表

序号	单位名称	当日保电场馆数量	分指挥部值守人数	待命应急救援队伍		待命抢修队伍		电网保障情况															外破风险管控			客户侧保障									其他保障		总计保障人员投入	总计保障车辆投入	发电车投入（包含待命发电车，省外支援发电车在此不统计）		通信装备投入		
										变电站数量							输配电线路数量																										
				队伍数量	人员数量	队伍数量	人员数量	运维保障人员	保障车辆	总计	换流站	750 kV	330 kV	110 kV	35 kV	开闭所、配电站室	总计	特高压直流	750 kV	330 kV	110 kV	35 kV	外力破坏风险点数量	看守人员数量	其中安保人员数量	客户侧保障人员	保障车辆	重要场所总数	场馆数量	场馆保电点位	接待酒店	定点医院	交通枢纽	其他	保障人员	保障车辆			数量	容量（kW）	无线对讲机	单兵通信装备	布控球

四、保电重要事项

(一)××水电厂水位库容情况

当前,××水库水位××m,库容××亿 m^3,入库流量×× m^3/s,出库流量×× m^3/s;××台机组运行,出力××万 kW,各类设备、设施运行平稳。

(二)网络安全防护情况

××月××日××时至××日××时,发现并阻拦网络攻击××次,封禁高危 IP 地址××个,攻击源主要来自××、××等地,未发生攻击成功事件,网络信息安全态势平稳。

(三)防汛及设备故障情况

××日××时至××日××时,无汛情导致的停运情况。

××月××日××时至××月××日××时,无新增停运设备。

累计停运×个××kV 变电站、×条××kV 线路、××户用户。

新增投入抢修人员××人次,车辆××台次;累计投入抢修人员××人次,车辆××台次。

新增恢复×个××kV 变电站、×条××kV 线路、××户用户。

(四)投诉和故障报修情况

××月××日××时至××月××日××时,受理服务投诉业务工单××件、故障报修业务工单共计××件。

五、明日保电重点工作安排

××月××日,正式比赛××项(　),涉及××个场馆(其中,含全运村及赛事指挥中心)、××家供电单位。

××月××日保电安排

序号	保障单位	场馆名称	比赛项目	比赛时间	比赛总日程	保电等级	预计投入保电力量		
							人员	车辆	发电车

10 重要保供电场所供电安全风险评估

10.1 术语和定义

（1）特级保供电

① 具有重大国际影响的政治、军事、经济、科技、文化、体育活动等时期的保供电；

② 党和国家主要领导人出席的重要会议或活动时期的保供电；

③ 其他具有同等影响的活动时期的保供电。

（2）一级保供电

① 国家级政治、军事、经济、科技、文化、体育活动等时期的保供电；

② 具有重要国际影响的会议或活动时期的保供电；

③ 其他具有同等影响的活动时期的保供电。

（3）重要保供电场所

举行重大活动以及为重大活动提供配套服务的场所，主要包括重大会议场所、比赛场馆、接待酒店、重要交通枢纽、转播重大活动的广播站及电视台、通信基站以及停电会产生重大影响的其他活动场所等。

（4）核心保供电场所

重要保供电场所中开展重大活动的主会场、主场馆等最关键的场所。

10.2 风险性分析

供电场所用电安全涉及电源配置、设备设施状态、运行管理和事故应急管理等四个方面的因素。

10.2.1 电源配置

按照工作时段和所起作用的不同，重要电力用户的电源可以分为常态工作电源和应急电源，其中应急电源又分为自备应急电源和外部应急电源。据此将电源配置风险归为以下三类：

① 供电电源配置。供电电源配置包括多电源属性、线路性质(共通道比例,线路形式如专线、环网公网、辐射公网等)、电源切换、主备运行方式等。

② 自备应急电源配置。自备应急电源配置包括电源容量、电源性质、电源切换(切换方式和切换点)与闭锁、持续供电时间、启动方式、应急母线配置、电能质量等。

③ 外部应急电源配置。包括外部应急电源接入(接口)方式、行驶通道、接入地点、应急发电车的接地点等。

10.2.2 设备设施状态

影响保供电用电安全的设备设施主要包括用户配用电设备和非电保安设施。决定该类设备设施状态的因素主要包括受电力工程建设时的装备水平和投运后的运行水平影响,由此将设备设施状态风险因素分为装备水平和运行水平。

① 装备水平包括系统的自动化程度,设备的规格型号和负荷能力、运行年限等。

② 运行水平包括设备设施投运及定值设置情况、负载率、缺陷与故障、运行时间等。

10.2.3 运行管理

运行管理水平主要体现在是否具备健全的运行管理体系和制度体系,具体管理制度在实施过程中能否有效执行。据此将运行风险因素分为管理制度体系健全性和操作运行规范性。

(1) 管理制度体系健全性

管理体系健全性包括安全生产组织结构和安全生产网络的完备性。

制度体系健全性包括安全生产责任制、安全生产培训、职业健康安全管理制度、外部协调机制等的完备性,如变(配)电室运行管理、防小动物及消防措施、防误操作措施、安全工器具管理、电工管理、工作记录管理等的完备性。

(2) 操作运行规范性

操作运行规范性可以分为两票三制执行规范性和外部协调规范性。两票三制执行规范性包括工作票、操作票,交接班制度,设备定期试验制度,设施巡检制度执行情况;外部协调规范性主要指与政府电力主管部门、能源监管机构、行业协会、供电企业等外部单位的沟通机制的有效性,如供电企业电网运行方式调整、停送电计划、有序用电安排等信息告知。

10.2.4 事故应急管理

安全风险失控导致事故发生后,需要启动应急处理,以防止事故范围扩大。决定应急处理是否有效、及时的因素包括以下三项。

① 应急预案的完备性。应急预案应包括应急组织机构及岗位职责、预防措施、应急处置程序、应急保障措施等。

② 应急演练的充分性。包括应急预案培训、演练范围、演练频次、演练逼真程度等。

③ 备品备件的符合性。主要指非演练期间保持备品备件的完备、可用、能用。

基于上述风险因素分析，按照风险隐患萌芽→隐患扩大→事故发生→事故控制的逻辑顺序，把重要场所保供电安全风险分为四类：基础配置性风险、组织制度性风险、运营执行性风险和事故控制性风险。其中基础配置性风险导致隐患的存在，组织制度性风险、运营执行性风险导致风险不能及时发现、消除或控制，事故控制性风险导致事故发生后危害范围扩大。

10.3 评估要点

10.3.1 评估组织

各级安全监管部门成立重要保供电场所供电安全风险评估工作组，工作组可分为多个专业工作小组，评估工作组应根据保供电场所的情况合理配置工作小组数量和人数。在正式评估之前，有关运行维护单位应组织开展一次自评，并将评估结果提交评估工作组。评估组织与评估对象如图 10.1 所示。

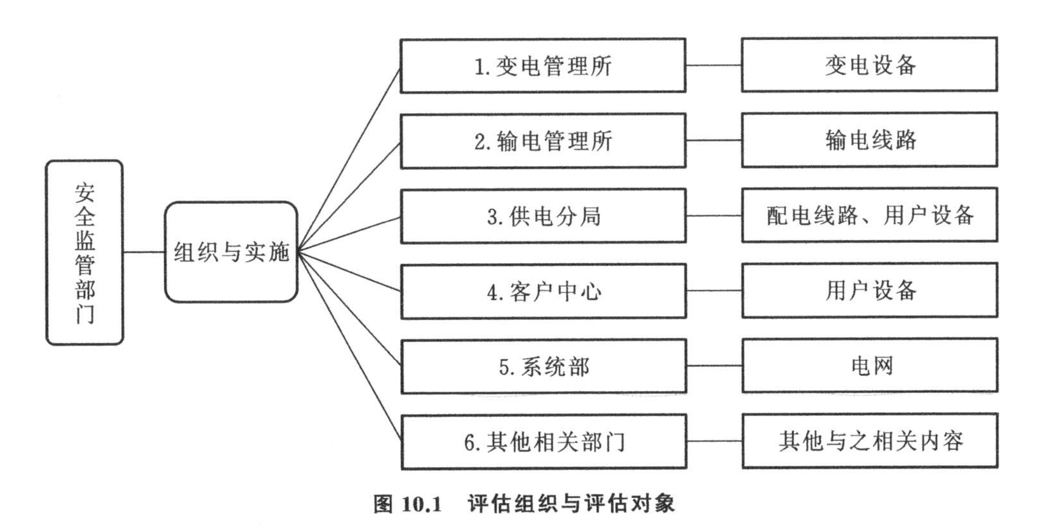

图 10.1 评估组织与评估对象

10.3.2 评估对象及评估内容

评估对象包括重要保供电场所以及为其供电的输配电线路、变电站和配电房。

评估标准参照中国南方电网有限责任公司《关于印发公司〈重要保供电场所供电安全风险评估规范(试行)〉的通知》(安监〔2014〕24 号),评估内容主要包括供电电源、设备设施、组织保障、应急准备、物资装备、现场环境等(详见表 10.1)。

表 10.1 重要保供电场所供电安全风险评估标准

检查项目	二级子项目	三级子项目
1 供电电源	1.1 市供电电源	1.1.1 电网对保供电对象的供电可靠度是否满足要求
		1.1.2 是否满足自动投切
		1.1.3 非电缆电源线路重合闸是否正常
		1.1.4 图纸资料是否备齐
	1.2 用户自备电源	1.2.1 应急电源自投是否可靠
		1.2.2 UPS 电源配置情况
		1.2.3 发电机容量及供电负荷是否满足要求
		1.2.4 用户是否按照国家规定配置自备应急电源
		1.2.5 用户重要负荷供电是否满足 N-1
		1.2.6 图纸资料是否备齐
2 设备设施	2.1 供电企业管辖设备设施	2.1.1 图纸资料是否与现场一致
		2.1.2 预防性试验、定检、维护是否完成
		2.1.3 设备是否过载等 14 项
	2.2 用户设备设施	2.2.1 图纸资料是否与现场一致
		2.2.2 开关转动是否可靠
		2.2.3 五防装置是否正常
		2.2.4 是否对电气设备进行经常性巡检等 18 项

续表10.1

检查项目	二级子项目	三级子项目
3 组织保障	3.1 供电企业保供电机构与职责	3.1.1 责任制与人员配置
		3.1.2 管理制度与作业文件
		3.1.3 信息沟通
		3.1.4 人员能力
	3.2 用户保供电机构与职责	3.2.1 责任制与人员配置
		3.2.2 管理制度与作业文件
		3.2.3 信息沟通
		3.2.4 人员能力
4 应急准备	4.1 供电企业保供电应急准备	4.1.1 应急组织体系建立
		4.1.2 应急预案、演练
		4.1.3 应急信息管理
		4.1.4 应急装备准备
	4.2 用户应急准备	4.2.1 应急组织体系建立
		4.2.2 应急预案、演练
		4.2.3 应急信息管理
		4.2.4 应急装备准备
5 物资装备	5.1 供电企业保供电物资装备	5.1.1 工器具及仪器仪表
		5.1.2 备品备件
		5.1.3 个人防护用品
		5.1.4 临时标志牌及围栏、遮栏
		5.1.5 通信
	5.2 用户保供电物资装备	5.2.1 工器具及仪器仪表
		5.2.2 备品备件
		5.2.3 个人防护用品
		5.2.4 临时标志牌及围栏、遮栏
		5.2.5 通信

续表10.1

检查项目	二级子项目	三级子项目
6 现场环境	6.1 用户设备标识	6.1.1 设备标识是否齐全
		6.1.2 设备标识是否清晰
	6.2 配电室进出通道	6.2.1 配电室通道画线是否完备
		6.2.2 配电室通道进出是否方便
	6.3 值班专用场所	6.3.1 是否设有专用值班场所
		6.3.2 值班场所设置点是否合理
	6.4 配电室防小动物设施	6.4.1 配电室防小动物设施是否完善
		6.4.2 临时电缆防小动物设施是否完善
	6.5 配电室设备运行环境	6.5.1 配电室设备运行环境是否良好
	6.6 配电室照明与通风	6.6.1 配电室照明与通风是否良好
	6.7 设备安全围栏	6.7.1 应设围栏处是否设置了围栏
		6.7.2 设置的围栏是否符合要求

10.3.3 评估安排及方式

重要保供电场所供电安全风险评估工作应尽早开展，特大型国际文体活动保供电的风险评估工作宜至少提前1个月开展，其他重大活动保供电的风险评估工作宜至少提前2周开展。

风险评估按照安全生产风险管理体系SECP审核方法，从S(策划)、E(执行)、C(依从)和P(绩效)等4个方面，系统检查重要保供电场所供电安全风险管控情况。查评方法主要有：查阅管理制度、保供电方案、应急预案等文本文件，访谈场所负责人、技术人员，查看图纸、现场记录、设备预试定检报告以及缺陷处理等资料，检查设备、工器具、仪器仪表以及其他保供电所需设施配置、检验情况等，查看、测评现场环境。

每个评估项目采用100分制，根据评估项目对供电安全的重要性分配权重，供电电源、设备设施、组织保障、应急准备、物资装备、现场环境的权重分别为30%、35%、10%、10%、5%、10%。

每个子项目得分＝该子项目所属所有分子项目得分之和；每个项目得分＝该项目所属所有子项目得分之和；重要保供电场所评估得分＝项目1得分×项目1权重＋…＋项目6得分×项目6权重。

评估项目及条款如图10.2所示。

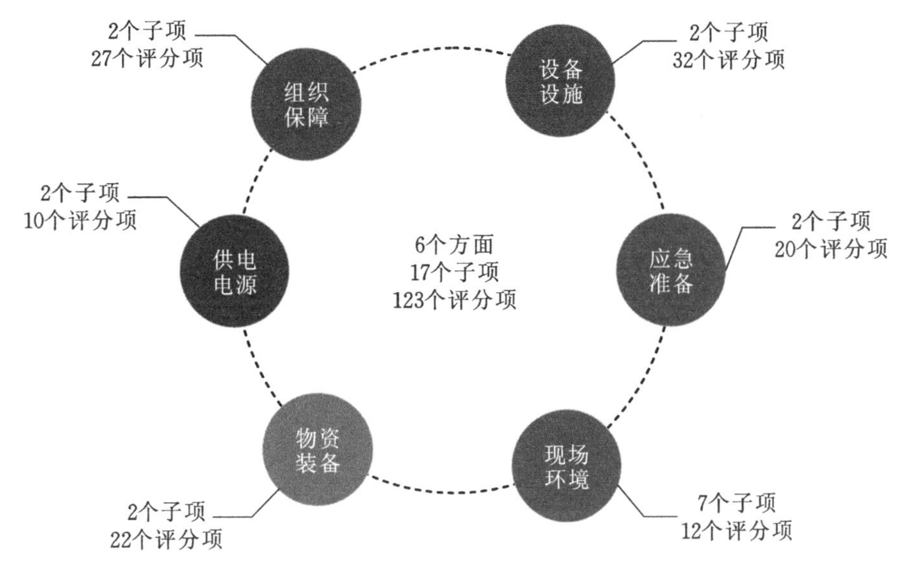

图 10.2 评估项目及条款

10.4 评价标准及流程

10.4.1 评价标准

(1) 根据 123 个分子项目评估得分,用“绿色”“黄色”“红色”表示分子项目的评价结果。

① 绿色(表示符合或高于规程标准要求):项目得分大于或等于 90 分;

② 黄色(表示存在低风险问题,影响安全供电概率小):项目得分不足 90 分,但大于或等于 80 分;

③红色(表示存在风险问题,影响安全供电概率大):项目得分小于 80 分。

(2) 根据每个重要保供电场所的评估情况,用“达标”“基本达标”“不达标”表示重要保供电场所评价结果。

① 达标:全部分子项目评价均为绿色,且特级、一级保供电任务核心保供电场所带★标识的分子项目评分为 100 分。

② 基本达标:分子项目评价不存在红色项目,且特级、一级保供电任务核心保供电场所带★标识的分子项目评价均为绿色。

③ 不达标:分子项目评价存在红色项目,或特级、一级保供电任务核心保供电场所带★标识的分子项目评价存在非绿色项。

评估表示例如表 10.2 所示。

表 10.2　评估表示例

检查项目	权重/%	检查子项目	应得分	实得分	优秀	良好	一般	不合格	检查方法	检查概况	存在问题	改进建议	评估结果			检查人员
					100%	100%~90%	90%~80%	80%以下					绿色	黄色	红色	
一、供电电源	30	1.1 市电供电电源	50													
		★1.1.1 电网对保供电对象的供电可靠度是否满足要求	25		符合对应用户等级的供电方式，并满足不同电源 N-2	满足不同电源 N-1	满足同一电源 N-1	不满足电源 N-1	查阅供电设计方案及审查记录和供用电合同或用电报装记录，检查电网供电的冗余情况(特殊情况下配置应急电源车作为补充措施)							
		★1.1.2 是否满足自动投切	10		用户供电变电站主变侧满足自动投切	—	—	否	核对电源侧不同电压等级的备自投装置配置情况							
		★1.1.3 非电缆电源线路重合闸是否正常	10		重合闸方式、功能正常	—	—	方式、功能不正常或无重合闸	检查运行方式和保护定值单，纯电缆线路不扣分							

续表10.2

检查项目	权重/%	检查子项目	应得分	实得分	优秀	良好	一般	不合格	检查方法	检查概况	存在问题	改进建议	评估结果			检查人员
					100%	100%～90%	90%～80%	80%以下					绿色	黄色	红色	
一、供电电源	30	★1.1.4 图纸资料是否备齐	5		齐全、图物相符、清晰	—	齐全、非关键回路图物不相符	不齐全、关键回路图物不相符	查看现场供电电路图纸资料							
		1.2 用户自备电源	50													
		1.2.1 用户是否按照国家规定配置自备应急电源	10		已配置且按要求开展了检修维护	—	已配置但未开展检修维护	未配置	检查应急电源配置及维护情况							
		★1.2.2 应急电源自投是否可靠	10		是	—	—	否	切断市电，检查备用电源是否自动投入							
		1.2.3 发电机的容量是否满足负荷所需	5		容量超过全部负荷的120%	容量超过重要负荷所需	容量超过保安负荷所需	发电机容量小	检查发电机额定容量，查看图纸，判断重要负荷接入情况							

10.4.2 评价流程

评估实施主要包括开展现场评估、反馈评估结果、形成风险评估报告；对每个场所的评估严格按现场查评、评分、评价、小结四个环节进行。

（1）现场查评：按中国南方电网有限责任公司《关于印发公司〈重要保供电场所供电安全风险评估规范（试行）〉的通知》（安监〔2014〕24号）进行现场检查，记录现状和存在的问题。

（2）评分：根据现场检查情况，以小组讨论的方式，对照评价标准进行打分。

（3）评价：根据得分，对照评价标准，给出供电安全评价结论。

（4）小结：每个重要保供电场所评估结束后，应及时小结，包括评估结果、好的方面、存在的问题及改进建议。

评估工作结束后应即时召开评估情况反馈会，将评估初步结果反馈给评估对象、运行维护单位和保供电工作组。

保供电场所供电安全风险评估流程如图10.3所示。

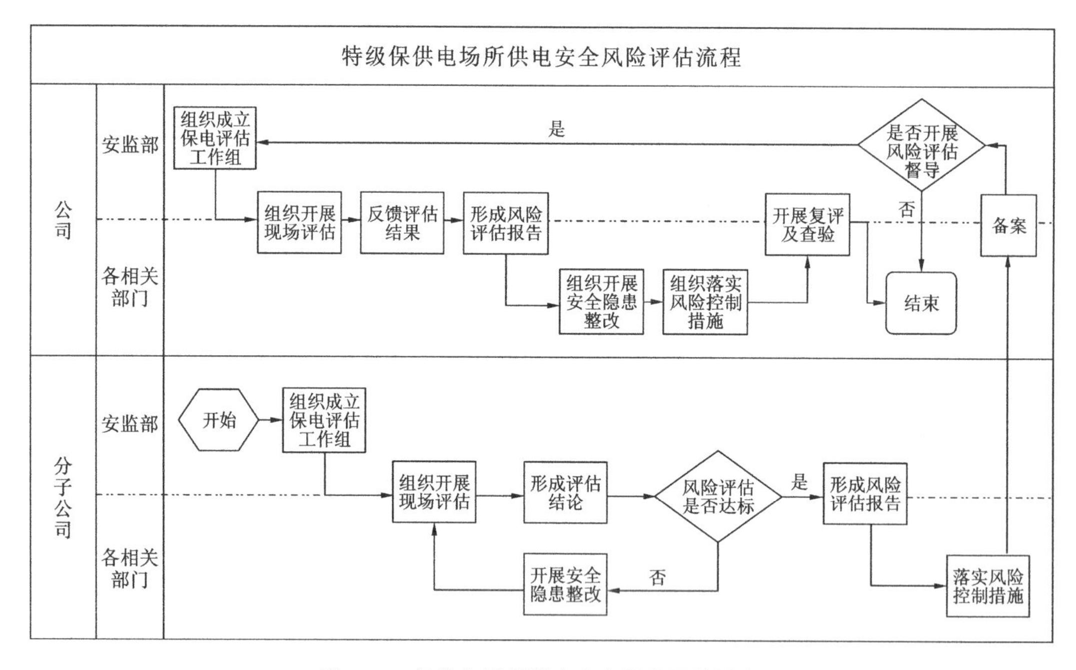

图10.3 保供电场所供电安全风险评估流程

10.4.3 流程说明

流程说明见表10.3。

表 10.3　流程说明

流程节点名称	涉及部门	涉及角色	工作指引	风险点描述	引用文件条款	关键控制点	时间要求	输入信息	输出信息	信息记录
组织成立保供电工作评估组	分子公司安监部	保供电管理人员	根据接到的保供电任务，及时组织成立特级保供电场所供电安全风险评估工作组，工作组下辖多个工作小组，成员需要具备安全风险评估能力	—	《电网有限责任公司保供电管理规定》第 5.1.2 条	是	—	—	风险评估工作组人员名单	风险评估工作组人员名单
组织开展现场评估	分子公司安监部、市场部、设备部、系统部	保供电管理人员、专业管理人员	评估工作组根据《重要保供电场所供电安全风险评估标准》(附录 A)开展风险评估	风险评估不全面，导致保供电期间停电事件发生的风险	《电网有限责任公司保供电管理规定》第 5.3.3.10 条	—	保供电实施一个月前	—	《重要保供电场所供电安全风险评估标准》(附录 A)	《重要保供电场所供电安全风险评估标准》(附录 A)
形成评估结论	分子公司安监部、市场部、设备部、系统部	保供电管理人员、专业管理人员	评估工作结束后即时汇总整理分析评估结果，并召开反馈会，将评估结果反馈给评估对象、运行维护单位和保供电工作组	—	—	是	—	—	《重要保供电场所供电安全风险评估标准》(附录 A)	《重要保供电场所供电安全风险评估标准》(附录 A)

续表10.3

流程节点名称	涉及部门	涉及角色	工作指引	风险点描述	引用文件条款	关键控制点	时间要求	输入信息	输出信息	信息记录
风险评估是否达标	分子公司安监部、市场部、设备部、系统部	保供电管理人员、专业管理人员	分析判断各个重要保供电场所供电安全风险评估是否达标	—	—	—	—	—	《重要保供电场所供电安全风险评估标准》(附录A)	《重要保供电场所供电安全风险评估标准》(附录A)
开展安全隐患整改	分子公司安监部、市场部、设备部、系统部	专业管理人员	组织评估对象、运行维护单位对评估发现的问题及时整改,完成后开展复查	隐患排查整改不到位,导致保供电期间停电事件发生的风险	《电网有限责任公司保供电管理规定》第5.3.3.10条及第5.3.3.11条	—	—	《重要保供电场所供电安全风险评估标准》(附录A)	安全隐患整改记录表	安全隐患整改记录表
形成风险评估报告	分子公司安监部、市场部、设备部、系统部	保供电管理人员、专业管理人员	评估工作组按照《重要保供电场所供电安全风险评估报告》模板(见附录B)编制报告	—	—	是	评估工作结束3个工作日内	—	《重要保供电场所供电安全风险评估报告》(见附录B)	《重要保供电场所供电安全风险评估报告》(见附录B)
落实风险控制措施	分子公司安监部、市场部、设备部、系统部	专业管理人员	根据风险评估报告要求落实相关控制措施	—	—	—	保供电实施前	《重要保供电场所供电安全风险评估报告》(见附录B)	—	—

续表10.3

流程节点名称	涉及部门	涉及角色	工作指引	风险点描述	引用文件条款	关键控制点	时间要求	输入信息	输出信息	信息记录
备案	公司安监部、市场部、设备部、系统部	保供电管理人员、专业管理人员	分子公司将特级保供电场所供电安全风险评估报告资料报公司备案	—	—	—	—	—	《重要保供电场所供电安全风险评估报告》（见附录B）	《重要保供电场所供电安全风险评估报告》（见附录B）
是否开展风险评估督导	公司安监部	保供电管理人员	根据分子公司风险评估报告分析研判是否开展风险评估督导	—	—	—	—	《重要保供电场所供电安全风险评估报告》（见附录B）	—	—
组织成立保供电评估工作组	公司安监部	保供电管理人员	成立特级保供电场所供电安全风险评估工作组，成员需具备安全风险评估能力	—	《电网有限责任公司保供电管理规定》第5.1.2条	是	—	—	风险评估工作组人员名单	风险评估工作组人员名单
组织开展现场评估	公司安监部、市场部、设备部、系统部	保供电管理人员、专业管理人员	评估工作组根据《重要保供电场所供电安全风险评估标准》（附录A）开展风险评估	风险评估不全面，导致供电期间发生停电的风险	《电网有限责任公司保供电管理规定》第5.3.3.10条	—	—	—	《重要保供电场所供电安全风险评估标准》（附录A）	《重要保供电场所供电安全风险评估标准》（附录A）

续表10.3

流程节点名称	涉及部门	涉及角色	工作指引	风险点描述	引用文件条款	关键控制点	时间要求	输入信息	输出信息	信息记录
反馈评估结果	公司安监部、市场部、设备部、系统部	保供电管理人员、专业管理人员	评估工作结束后即时汇总整理分析评估结果，并召开反馈会，将评估结果反馈给评估对象、运行维护单位和保供电工作组	—	—	—	—	—	《重要保供电场所供电安全风险评估标准》（附录A）	《重要保供电场所供电安全风险评估标准》（附录A）
形成风险评估报告	公司安监部、市场部、设备部、系统部	保供电管理人员、专业管理人员	评估工作组按照《重要保供电场所供电安全风险评估报告》模板（见附录B）编制报告	—	—	是	评估工作结束3个工作日内	—	《重要保供电场所供电安全风险评估报告》（见附录B）	《重要保供电场所供电安全风险评估报告》（见附录B）
组织开展安全隐患整改	公司安监部、市场部、设备部、系统部	专业管理人员	组织评估对象、运行维护单位对评估发现的问题及时进行整改，完成后开展复查	隐患排查整改不到位，导致保供电期间发生停电事件的风险	《电网有限责任公司保供电管理规定》第5.3.3.10条及第5.3.3.11条	—	—	《重要保供电场所供电安全风险评估标准》（附录A）	安全隐患整改记录表	安全隐患整改记录表

续表10.3

流程节点名称	涉及部门	涉及角色	工作指引	风险点描述	引用文件条款	关键控制点	时间要求	输入信息	输出信息	信息记录
组织落实风险控制措施	公司安监部、市场部、设备部、系统部	专业管理人员	根据风险评估报告要求落实相关控制措施	—	—	—	保供电实施前	《重要保供电场所供电安全风险评估报告》(见附录B)	—	—
开展复评及查验	公司安监部、市场部、设备部、系统部	保供电管理人员、专业管理人员	结合发现问题的整改情况,开展现场复评或资料查验	—	—	是	—	《重要保供电场所供电安全风险评估报告》(见附录B)	重要保供电场所供电安全风险评估总结	重要保供电场所供电安全风险评估总结

10.5 附　　录

附录 A　重要保供电场所供电安全风险评估标准

检查项目	权重/%	检查子项目	应得分	实得分	优秀	良好	一般	不合格	检查方法	检查情况	存在问题	改进建议	评估结果			检查人员
					100%	100%～90%	90%～80%	80%以下					绿色	黄色	红色	
一、供电电源	30	1.1 市电供电电源	50													
		★1.1.1 电网对保供电对象的供电可靠度是否满足要求	25		符合对应用户等级的供电方式，并满足不同电源N-2	满足不同电源N-1	满足同一电源N-1	不满足电源N-1	查阅供电设计方案及审查记录和供用电合同或用电报装记录，检查电网供电的冗余情况（特殊情况下配置应急电源车作为补充措施）							
		★1.1.2 是否满足自动投切	10		用户供电变电站主变侧满足自动投切	—	—	否	核对电源侧不同电压等级的备自投装置配置情况							
		★1.1.3 非电缆电源线路重合闸是否正常	10		重合闸方式、功能正常	—	—	方式、功能不正常或无重合闸	检查运行方式和保护定值单，纯电缆线路不扣分							

续表

检查项目	权重/%	检查子项目	应得分	实得分	优秀	良好	一般	不合格	检查方法	检查情况	存在问题	改进建议	评估结果			检查人员
					100%	100%~90%	90%~80%	80%以下					绿色	黄色	红色	
一、供电电源	30	★1.1.4图纸资料是否备齐	5		齐全，图物相符、清晰	—	齐全、非关键回路图物不相符	不齐全，关键回路图物不相符	查看现场供电电路图纸资料							
		1.2用户自备电源	50													
		1.2.1用户是否按照国家规定配置自备应急电源	10		已配置且按要求开展了检修维护	—	已配置但未开展检修维护	未配置	检查应急电源配置及检修维护情况							
		★1.2.2应急电源自投是否可靠	10		是	—	—	否	切断市电，检查备用电源是否自动投入							
		1.2.3发电机的容量及供电负荷是否满足要求	5		容量超过全部负荷的120%，且全部负荷均已接入	容量超过重要负荷的120%，且重要负荷均已接入	容量超过保安负荷的120%	发电机容量小于保安负荷的120%	检查发电机额定容量，查看图纸，判断重要负荷接入情况							
		★1.2.4 UPS电源配置情况	10		核心保供电场所重要负荷均已配置，且试验合格			未配置或试验不合格	检查核心保供电场所中有不间断供电要求的重要负荷(灯光、音响等)UPS配置情况，无该类用电负荷设备不扣分							

续表

检查项目	权重/%	检查子项目	应得分	实得分	优秀	良好	一般	不合格	检查方法	检查情况	存在问题	改进建议	评估结果			检查人员
					100%	100%～90%	90%～80%	80%以下					绿色	黄色	红色	
一、供电电源	30	1.2.5 用户重要负荷供电是否满足 N-1	10		所有负荷的供电满足 N-1	重要负荷的供电满足 N-1	—	存在重要负荷供电不满足 N-1	查阅图纸，现场核实负荷的供电情况（重要负荷应包括电梯、消防设施）							
		★1.2.6 图纸资料是否备齐	5		图纸齐全、图物相符、清晰	—	图纸齐全、非关键回路图物不相符	图纸不齐全、关键回路图物不相符	查看现场供电电路图纸资料							
二、设备设施	35	2.1 供电企业管辖设备设施	50													
		★2.1.1 图纸资料与现场是否一致	4		图纸齐全、图物相符、清晰	—	图纸齐全、非关键回路图物不相符	图纸不齐全、关键回路图物不相符	核查图纸、模拟图板与现场是否一致							
		★2.1.2 预防性试验、定检、维护是否完成	4		按照标准要求完成预试、定检及维护，且在一年以内	已按标准完成，但相关工作任务为一年以前实施	未完成，但超期小于3个月	未完成，且超期大于3个月	检查试验、定检、维护报告							

续表

检查项目	权重/%	检查子项目	应得分	实得分	优秀	良好	一般	不合格	检查方法	检查情况	存在问题	改进建议	评估结果			检查人员
					100%	100%～90%	90%～80%	80%以下					绿色	黄色	红色	
二、设备设施	35	2.1.3 设备巡视是否到位	4		针对保供电设备进行了特殊巡视，巡视针对性强	针对保供电设备进行了特殊巡视，但巡视针对性不强	按标准要求正常巡视，未针对保供电设备进行特殊巡视	缺少全部或部分巡视记录	检查巡视记录							
		2.1.4 缺陷处理是否完成	4		已完成	个别一般缺陷未消缺,但已落实措施	个别一般缺陷未消缺，未落实措施	重大缺陷未消缺，未落实措施	检查消缺(预试和日常检查等发现的缺陷）记录,并现场核实							
		★2.1.5 设备是否过载	4		负载率80%以下	—	负载率80%～100%	负载率超过100%	检查保供电对象的供电线路电流和主供的变电站主变压器							
		2.1.6 设备发热情况	4		正常	—	个别点温度异常	存在连接点温度超标	检查测温记录,未对设备测温本项不得分							
		2.1.7 保护定值整定是否符合要求	4		是	—	—	否	现场检查定值与保护定值单是否一致							

续表

检查项目	权重/%	检查子项目	应得分	实得分	优秀	良好	一般	不合格	检查方法	检查情况	存在问题	改进建议	评估结果			检查人员
					100%	100%~90%	90%~80%	80%以下					绿色	黄色	红色	
二、设备设施	35	2.1.8 非专线保供电对象是否设置用户故障出口保护装置	4		已设置	—	—	部分或全部未设置	检查保供电线路除保供电对象外的其他用户故障出口保护设置情况							
		2.1.9 管辖的涉及保供电的专变、公变三相负荷是否均衡	4		不平衡度小于5%	不平衡度小于15%	不平衡度小于25%	不平衡度超过25%	根据专变、公变三相电流值进行计算							
		2.1.10 管辖的涉及保供电的专变、公变为油变时，外观是否正常	4		完好	无渗油、膨胀、轻微锈蚀	轻微渗油、锈蚀或膨胀	渗油严重、膨胀严重	检查油变是否漏油、散热管是否膨胀、本体是否锈蚀、油位是否正常							
		2.1.11 管辖的涉及保供电的专变、公变为干变时，风机及控制系统是否正常			是	—	—	否	检查是否正常启动							

续表

检查项目	权重/%	检查子项目	应得分	实得分	优秀	良好	一般	不合格	检查方法	检查情况	存在问题	改进建议	评估结果			检查人员
					100%	100%~90%	90%~80%	80%以下					绿色	黄色	红色	
二、设备设施	35	2.1.12 保供电对象的保供电线路防外力破坏措施是否落实	4		沿线无超高树木、违章建筑和违章施工等外力破坏风险	存在相关风险，但均已制定并落实了控制措施	—	存在相关风险，且未制定控制措施	检查巡视记录和现场情况，查阅与相关单位和政府对安全隐患的沟通记录							
		2.1.13 核心保供电场所重点时段的重要保供电线路防外力破坏措施	4		已制订应急值守计划并做好人员安排	已制订应急值守计划	—	未制订应急值守计划	检查保供电工作方案或特殊运维工作方案							
		2.1.14 保供电设备标识	2		全部变电站、开闭所（开关站）内保供电设备均已专门标识	给核心保供电场所供电的相关保供电设备均已专门标识	—	未对相关保供电设备进行专门标识	检查变电站、开闭所（开关站）保供电设备的专门标识的完备性							
		2.2 用户设备设施	50													
		★2.2.1 图纸资料与现场是否一致	1		图纸齐全、图物相符、清晰	—	图纸齐全，非关键回路图物不相符	不齐全，关键回路图物不相符	核查图纸、模拟图板与现场是否一致							

续表

检查项目	权重/%	检查子项目	应得分	实得分	优秀	良好	一般	不合格	检查方法	检查情况	存在问题	改进建议	评估结果			检查人员
					100%	100%~90%	90%~80%	80%以下					绿色	黄色	红色	
二、设备设施	35	2.2.2 预防性试验是否完成	3		已完成	—	—	未全部完成	检查试验报告							
		2.2.3 是否对管辖电气设备进行巡视	2		针对保供电设备进行了特殊巡视，巡视针对性强	针对保供电设备进行了特殊巡视，但巡视针对性不强	按标准要求正常巡视，未针对保供电设备进行特殊巡视	未巡视	检查巡视记录							
		2.2.4 缺陷整改是否完成	4		已完成	个别一般缺陷未消缺，但已落实措施	个别一般缺陷未消缺，未落实措施	重大缺陷未消缺，未落实措施	检查消缺（预试和日常检查等发现的缺陷）记录，并现场核实							
		★2.2.5 开关传动是否可靠	4		可靠	—	—	存在异常情况	对开关进行传动操作检查，检查操作是否可靠、状态指示是否正常							
		2.2.6 保护定值是否按设计整定	2		是	—	—	否	现场检查定值（或试验报告）与设计要求是否一致							

续表

检查项目	权重/%	检查子项目	应得分	实得分	优秀	良好	一般	不合格	检查方法	检查情况	存在问题	改进建议	评估结果			检查人员
					100%	100%～90%	90%～80%	80%以下					绿色	黄色	红色	
二、设备设施	35	2.2.7 五防装置是否正常	1		全部正常	—	—	存在不正常情况	检查档案是否具备、完善，现场带电显示是否正常							
		2.2.8 用户进线备自投装置是否可靠动作	4		是	—	—	存在异常情况	断开一回进线，检查备用电源能否及时正确投入							
		2.2.9 用户变压器三相负荷是否均衡	3		不平衡度小于5%	不平衡度小于15%	不平衡度小于25%	不平衡度超过25%	最大负荷情况下，读取低压进线总柜电流表数据进行计算							
		2.2.10 用户油变外观是否正常	3		完好	无渗油、膨胀，轻微锈蚀	轻微渗油、锈蚀或膨胀	渗油严重、膨胀严重	检查油变是否漏油、散热管是否膨胀、本体是否锈蚀、油位是否正常							
		2.2.11 用户干变风机及控制系统是否正常	3		是	—	—	否	检查是否正常启动							

续表

检查项目	权重/%	检查子项目	应得分	实得分	优秀	良好	一般	不合格	检查方法	检查情况	存在问题	改进建议	评估结果			检查人员
					100%	100%～90%	90%～80%	80%以下					绿色	黄色	红色	
二、设备设施	35	★2.2.12 负荷线路是否过载	4		负载率80%以下	—	负载率80%～100%	负载率超过100%	每个配电房抽查两回大负荷线路，根据电流表读数判断							
		2.2.13 低压出线末端电压是否合格	2		全部合格	—	—	存在不合格情况	每个配电房抽取两回大负荷或长距离低压线末端用万能表测量，是否在规定范围内(三相353～407 V，单相198～235 V)							
		2.2.14 测量低压绝缘是否合格	3		全部合格	—	—	存在不合格情况	检查测试记录，如本项没做不得分							
		2.2.15 是否按负荷重要性质分开供电	2		是	—	基本是	较多未能	检查消防、电梯是否独立低压回路供电							
		2.2.16 线路与用电设备安装是否满足用电安全要求	4		全部满足	—	基本满足	不满足	抽取部分低压设备检查							

续表

检查项目	权重/%	检查子项目	应得分	实得分	优秀	良好	一般	不合格	检查方法	检查情况	存在问题	改进建议	评估结果			检查人员
					100%	100%~90%	90%~80%	80%以下					绿色	黄色	红色	
二、设备设施	35	2.2.17 用电负荷分配是否合理	3		合理	—	基本合理	较多不合理	检查图纸，同回低压出线上同种性质负荷三相分配是否合理							
		2.2.18 线路和设备发热情况	5		正常	—	个别点温度异常	存在连接点温度超标	检查测温记录，如本项没做不得分							
三、组织保障	10	3.1 供电企业保供电机构与职责	50													
		3.1.1 责任制与人员配置	15													
		★3.1.1.1 保供电机构是否建立，工作人员职责是否明确	4		建立了保供电组织架构，人员职责明确	—	建立了组织架构，人员职责不明确	未建立机构，人员职责不明确	检查保供电方案							
		3.1.1.2 保供电值班安排是否明确	4		已明确保供电值班要求，并制定值班安排表	—	已明确值班要求，未制定值班安排表	未明确值班要求及安排	检查保供电方案							

续表

检查项目	权重/%	检查子项目	应得分	实得分	优秀 100%	良好 100%～90%	一般 90%～80%	不合格 80%以下	检查方法	检查情况	存在问题	改进建议	评估结果 绿色	黄色	红色	检查人员
三、组织保障	10	3.1.1.3 现场保供电人员对自身的工作职责是否熟悉	4		所有人员熟悉工作任务与职责	—	个别人员对主要任务与职责不熟悉	多人对任务与职责不熟悉	现场对保供电期间的工作任务、完成要求进行抽查询问							
		3.1.1.4 与外部人员的工作界面是否清晰	3		保供电团队各方人员工作界面明确、清晰	—	各方人员之间的工作界面基本明确	未确定各方人员工作界面	检查、核对保供电方案，各方的责任文件							
		3.1.2 管理制度与作业文件	10													
		3.1.2.1 是否制定保供电运行职守工作要求	3		内容明确、可操作	—	有要求	无要求	检查保供电方案							
		3.1.2.2 是否制定保供电设备巡视检查记录表格	3		表格内容与现场实际吻合、可操作	—	有表格	未制定	检查保供电方案或现场资料							
		3.1.2.3 是否制定保供电设备运行操作细则或要求	2		日常操作、保供电时的操作步骤与要求明确，可操作	—	有细则或要求，基本明确	未制定	检查保供电方案或现场资料							

续表

检查项目	权重/%	检查子项目	应得分	实得分	优秀	良好	一般	不合格	检查方法	检查情况	存在问题	改进建议	评估结果			检查人员
					100%	100%～90%	90%～80%	80%以下					绿色	黄色	红色	
三、组织保障	10	3.1.2.4 保供电工作人员是否熟悉保供电工作要求	2		所有人员熟悉	—	个别人员对部分要求不熟悉	大多数人员不熟悉	现场抽查询问保供电工作人员							
		3.1.3 信息沟通	10													
		3.1.3.1 是否建立了日常信息沟通标准或要求	2		日常信息报送要求明确,流程清晰,且对重要信息有明确清晰要求	日常信息报送要求明确,流程清晰	有标准或要求	未制定	检查保供电方案							
		3.1.3.2 保供电人员是否熟悉信息沟通标准或要求	4		所有人员熟悉标准或要求	—	个别人员对部分要求不熟悉	大多数人员不熟悉	现场抽查询问保供电工作人员							
		3.1.3.3 信息沟通标准是否按要求执行	4		完全得到执行	—	基本执行到位	执行不到位情况普遍	查阅运行或值班记录							
		3.1.4 人员能力	15													
		3.1.4.1 进场前是否对保供电人员进行了安全培训	4		有且内容全面	—	有	没有	询问判断或查看培训记录							

续表

检查项目	权重/%	检查子项目	应得分	实得分	优秀	良好	一般	不合格	检查方法	检查情况	存在问题	改进建议	评估结果			检查人员
					100%	100%～90%	90%～80%	80%以下					绿色	黄色	红色	
		3.1.4.2 保供电人员的专业技能是否满足要求	6		所有人员满足要求	—	个别人员不满足要求	大部分人员不满足要求	对不同的工种至少询问1人,可通过一定操作演示进行验证							
		3.1.4.3 保供电人员是否对保供电的安全风险进行识别或评估	5		全部人员能够清楚描述相关安全风险及其控制措施		个别人员不清楚	多数人员不清楚	检查记录,询问保供电人员							
三、组织保障	10	3.2 用户保供电机构与职责	50													
		3.2.1 责任制与人员配置	15													
		3.2.1.1 保供电机构是否建立,工作人员职责是否明确	5		建立了保供电组织架构,人员职责明确	—	建立了保供电组织架构,人员职责不明确	未建立保供电组织架构,人员职责不明确	检查保供电方案							
		3.2.1.2 保供电值班安排是否明确	5		已明确保供电值班要求,并制定值班安排表	—	已明确值班要求,未制定值班安排表	未明确值班要求及安排	检查保供电方案							

续表

检查项目	权重/%	检查子项目	应得分	实得分	优秀	良好	一般	不合格	检查方法	检查情况	存在问题	改进建议	评估结果			检查人员
					100%	100%～90%	90%～80%	80%以下					绿色	黄色	红色	
三、组织保障	10	3.2.1.3 用户工作人员对自身的工作职责是否熟悉	5		所有人员熟悉工作任务与职责	—	个别人员对主要任务与职责不熟悉	多人对任务与职责不熟悉	现场对保供电期间的工作任务、完成要求进行抽查询问							
		3.2.2 管理制度与作业文件	10													
		3.2.2.1 是否制定保供电运行职守工作要求	3		内容明确、可操作	—	有要求	无要求	检查现场值班制度							
		3.2.2.2 是否制定保供电设备巡视检查记录表格	3		表格内容与现场实际吻合，可操作	—	有表格	未制定	检查用户管理制度							
		3.2.2.3 是否制定保供电设备运行操作细则或要求	2		日常操作、转供电时的操作步骤与要求明确，可操作	—	有细则或要求，基本明确	未制定	检查用户管理制度							
		3.2.2.4 用户工作人员是否熟悉保供电工作要求	2		所有人员熟悉	—	个别人员对部分内容不熟悉	多人对相关要求不熟悉	现场询问用户工作人员							

续表

检查项目	权重/%	检查子项目	应得分	实得分	优秀	良好	一般	不合格	检查方法	检查情况	存在问题	改进建议	评估结果			检查人员
					100%	100%～90%	90%～80%	80%以下					绿色	黄色	红色	
三、组织保障	10	3.2.3 信息沟通	10													
		3.2.3.1 是否建立了日常信息沟通标准或要求	2		日常信息报送要求明确，流程清晰，且对重要信息有明确清晰要求	日常信息报送要求明确，流程清晰	有标准或要求	未制定	检查保供电文件							
		3.2.3.2 用户工作人员是否熟悉信息沟通标准或要求	4		所有人员熟悉标准或要求	—	个别人员对标准或要求不熟悉	多人对标准或要求不熟悉	现场询问用户工作人员							
		3.2.3.3 信息沟通标准或要求是否完全得到执行	4		完全得到执行	—	基本得到执行	执行不到位情况普遍	查阅运行或值班记录							
		3.2.4 人员能力	15													
		3.2.4.1 用户工作人员是否进行安全培训	4		有且内容全面	—	有	没有	询问判断或查看培训记录							

续表

检查项目	权重/%	检查子项目	应得分	实得分	优秀	良好	一般	不合格	检查方法	检查情况	存在问题	改进建议	评估结果			检查人员
					100%	100%～90%	90%～80%	80%以下					绿色	黄色	红色	
三、组织保障	10	3.2.4.2 用户电工是否取得相应的资质	6		所有人员满足要求	—	个别人员不满足要求	大部分人员不满足要求	对不同的工种至少询问1人,可通过一定操作演示进行验证							
		3.2.4.3 保供电人员是否清楚工作中的安全风险	5		关键人员能够清楚描述工作中的安全风险	—	个别关键人员不清楚	多数人员不清楚	检查记录,询问用户工作人员							
四、应急准备	10	4.1 供电企业保供电应急准备	50													
		4.1.1 应急组织体系建立	15													
		★4.1.1.1 是否建立保供电应急组织体系	8		应急组织体系完善、合理	—	基本建立	未建立	查看文件资料							
		4.1.1.2 保供电各级应急机构及人员的职责是否明确	7		已制定职责,职责合理、明确	—	职责不明确	未制定职责	查看文件资料							

续表

检查项目	权重/%	检查子项目	应得分	实得分	优秀	良好	一般	不合格	检查方法	检查情况	存在问题	改进建议	评估结果			检查人员
					100%	100%～90%	90%～80%	80%以下					绿色	黄色	红色	
四、应急准备	10	4.1.2 应急预案、演练	15													
		4.1.2.1 是否编制了应急预案	5		已编制，内容完善，可操作性强	已编制，内容完善	内容不完善	未编制	查看资料							
		4.1.2.2 人员是否熟悉预案	5		全部熟悉	—	个别人员不熟悉	大部分人员不熟悉	现场询问							
		4.1.2.3 是否开展了保供电应急演练	5		已开展应急演练	已制订演练计划	—	无演练计划	查看演练计划、演练记录资料							
		4.1.3 应急信息管理	15													
		4.1.3.1 是否建立了信息快速上报机制	6		已建立信息快速上报机制，机制合理	—	信息快速上报机制不尽合理	未建立机制	查看资料							
		4.1.3.2 人员是否熟悉信息上报程序	3		全部熟悉	—	个别人员不熟悉	大部分人员不熟悉	现场询问							
		4.1.3.3 人员是否熟悉应急联系电话	6		全部熟悉	—	个别人员不熟悉	大部分人员不熟悉	现场查看							

续表

检查项目	权重/%	检查子项目	应得分	实得分	优秀	良好	一般	不合格	检查方法	检查情况	存在问题	改进建议	评估结果			检查人员
					100%	100%～90%	90%～80%	80%以下					绿色	黄色	红色	
四、应急准备	10	4.1.4 应急装备准备	5													
		4.1.4.1 应急装备准备是否充分	5		应急装备充足,台账清册准确	—	应急装备基本满足要求	没有准备应急装备	检查需求计划及实际清单							
		4.2 用户应急准备	50													
		4.2.1 应急组织体系建立	15													
		4.2.1.1 是否建立供电应急组织体系	8		应急组织体系完善、合理	—	基本建立	未建立	查看文件资料							
		4.2.1.2 供电应急机构及人员的职责是否明确	7		已制定职责,职责合理、明确	—	职责不明确	未制定职责	查看文件资料							
		4.2.2 应急预案、演练	15													
		4.2.2.1 是否编制了保供电应急预案	5		已编制,内容完善,可操作性强	已编制,内容完善	内容不完善	未编制	查看资料							
		4.2.2.2 人员是否熟悉预案	5		全部熟悉	—	个别人员不熟悉	大部分人员不熟悉	现场询问							

续表

检查项目	权重/%	检查子项目	应得分	实得分	优秀	良好	一般	不合格	检查方法	检查情况	存在问题	改进建议	评估结果			检查人员
					100%	100%～90%	90%～80%	80%以下					绿色	黄色	红色	
四、应急准备	10	4.2.2.3 是否开展了供电应急演练	5		已开展应急演练	已制订演练计划	—	无演练计划	查看演练计划、演练记录资料							
		4.2.3 应急信息管理	15													
		4.2.3.1 是否建立了信息快速上报机制	5		已建立信息快速上报机制，机制合理	—	信息快速上报机制不尽合理	未建立机制	查看资料							
		4.2.3.2 人员是否熟悉信息上报程序	3		全部熟悉	—	个别人员不熟悉	大部分人员不熟悉	现场询问							
		4.2.3.3 人员是否熟悉应急联系电话	5		全部熟悉	—	个别不熟悉	全部不熟悉	现场查看							
		4.2.3.4 应急联系人电话号码是否张贴	2		有张贴，数量充分，位置合理	—	有张贴，数量不充分或位置不尽合理	没有张贴	现场查看							
		4.2.4 应急装备准备	5													
		4.2.4.1 应急装备准备是否充分	3		应急装备充足，台账清册准确	—	应急装备基本满足要求	没有准备应急装备	检查需求计划及实际清单							

续表

检查项目	权重/%	检查子项目	应得分	实得分	优秀	良好	一般	不合格	检查方法	检查情况	存在问题	改进建议	评估结果			检查人员
					100%	100%～90%	90%～80%	80%以下					绿色	黄色	红色	
四、应急准备	10	4.2.4.2 应急照明是否正常	2		抽检全部正常	—	抽检个别不正常	设置不合理，抽检多个不正常	检查通道、配电房、值班区域应急照明灯配置情况，抽样对应急灯进行试验							
五、物资装备	5	5.1 供电企业保供电物资装备	50													
		5.1.1 工器具及仪器仪表	15													
		5.1.1.1 工器具及仪器仪表是否满足保供电需要	7		完全满足	—	基本满足	不满足	将现场工器具（安全工器具）与现场设备进行核对							
		5.1.1.2 工器具及仪器仪表性能是否良好	8		数量充足，状态良好	—	数量、状态基本满足要求	数量不足，功能缺陷多	现场查看							
		5.1.2 备品备件	15													
		5.1.2.1 是否有针对保供电的备品备件清单	3		有清单，且清单与实物一致	—	有清单，但与实物存在差异	无清单	将设备清单与现场设备进行核对							

续表

检查项目	权重/%	检查子项目	应得分	实得分	优秀	良好	一般	不合格	检查方法	检查情况	存在问题	改进建议	评估结果			检查人员
					100%	100%~90%	90%~80%	80%以下					绿色	黄色	红色	
五、物资装备	5	5.1.2.2 保供电备品备件是否满足需要	6		完全满足	—	基本满足	不满足	将现场备品备件与现场设备进行核对							
		5.1.2.3 保供电备品备件是否完好	6		备品备件数量充足、状态良好	—	数量、状态基本满足要求	数量不足，质量缺陷多	现场查看并清点							
		5.1.3 个人防护用品	4													
		5.1.3.1 个人防护用品数量、质量是否满足要求	4		完全满足	—	基本满足	数量不足，质量不合格	现场查看							
		5.1.4 临时标示牌与围栏、遮栏	4													
		5.1.4.1 临时标示牌与围栏、遮栏数量、质量是否满足要求	4		完全满足	—	基本满足	数量不满足要求或质量不合格	现场查看							
		5.1.5 通信	12													
		5.1.5.1 是否配备保供电通信设备	4		已配备，数量充足	—	已配备，数量不足	未配备	现场查看							

续表

检查项目	权重/%	检查子项目	应得分	实得分	优秀	良好	一般	不合格	检查方法	检查情况	存在问题	改进建议	评估结果			检查人员
					100%	100%～90%	90%～80%	80%以下					绿色	黄色	红色	
五、物资装备	5	5.1.5.2 通信设备是否完好	4		性能良好	—	个别存在性能不稳定的情况	部分性能不良	询问，现场查看							
		5.1.5.3 专用通信设备的存放与管理	2		定置存放，管理有序	管理有序	能基本满足运行维护和应急需要	不满足运行维护和应急需要	检查现场设备、人员和制度							
		5.1.5.4 工作人员是否清楚专用通信设备的使用方法	2		全部人员清楚	个别人员不清楚	部分人员不清楚	全部不清楚	抽查询问现场工作人员							
		5.2 用户保供电物资装备	50													
		5.2.1 工器具及仪器仪表	15													
		5.2.1.1 工器具及仪器仪表是否满足保供电需要	7		完全满足	—	基本满足	不满足	将现场工器具（安全工器具）与现场设备进行核验							
		5.2.1.2 工器具及仪器仪表性能是否良好	8		数量充足、状态良好	—	数量、状态基本满足要求	数量不足，功能缺陷多	现场查看							

续表

<table>
<tr><th rowspan="2">检查项目</th><th rowspan="2">权重/%</th><th rowspan="2">检查子项目</th><th rowspan="2">应得分</th><th rowspan="2">实得分</th><th>优秀</th><th>良好</th><th>一般</th><th>不合格</th><th rowspan="2">检查方法</th><th rowspan="2">检查情况</th><th rowspan="2">存在问题</th><th rowspan="2">改进建议</th><th colspan="3">评估结果</th><th rowspan="2">检查人员</th></tr>
<tr><th>100%</th><th>100%~90%</th><th>90%~80%</th><th>80%以下</th><th>绿色</th><th>黄色</th><th>红色</th></tr>
<tr><td rowspan="7">五、物资装备</td><td rowspan="7">5</td><td>5.2.2 备品备件</td><td>15</td><td colspan="13"></td></tr>
<tr><td>5.2.2.1 是否有针对保供电的备品备件清单</td><td>3</td><td></td><td>有清单,且清单与实物一致</td><td>—</td><td>有清单,但与实物存在差异</td><td>无清单</td><td>将设备清单与现场设备进行核对</td><td></td><td></td><td></td><td></td><td></td><td></td><td></td></tr>
<tr><td>5.2.2.2 保供电备品备件是否满足需要</td><td>6</td><td></td><td>完全满足</td><td>—</td><td>基本满足</td><td>不满足</td><td>将现场备品备件与现场设备进行核对</td><td></td><td></td><td></td><td></td><td></td><td></td><td></td></tr>
<tr><td>5.2.2.3 保供电备品备件是否完好</td><td>6</td><td></td><td>备品备件数量充足、状态良好</td><td>—</td><td>数量、状态基本满足要求</td><td>数量不足,质量缺陷多</td><td>现场查看并清点</td><td></td><td></td><td></td><td></td><td></td><td></td><td></td></tr>
<tr><td>5.2.3 个人防护用品</td><td>4</td><td colspan="13"></td></tr>
<tr><td>5.2.3.1 个人防护用品数量、质量是否满足要求</td><td>4</td><td></td><td>完全满足</td><td>—</td><td>基本满足</td><td>数量不足,质量不合格</td><td>现场核查</td><td></td><td></td><td></td><td></td><td></td><td></td><td></td></tr>
<tr><td>5.2.4 临时标示牌与围栏、遮栏</td><td>4</td><td colspan="13"></td></tr>
</table>

续表

检查项目	权重/%	检查子项目	应得分	实得分	优秀 100%	良好 100%～90%	一般 90%～80%	不合格 80%以下	检查方法	检查情况	存在问题	改进建议	评估结果 绿色	 黄色	 红色	检查人员
五、物资装备	5	5.2.4.1 临时标示牌与圈栏、遮栏数量、质量是否满足要求	4		完全满足	—	基本满足	数量不满足或质量不合格	现场核查							
		5.2.5 通信	12													
		5.2.5.1 是否配备保供电通信设备	4		已配备，数量充足	—	已配备，数量不足	未配备	现场核查							
		5.2.5.2 通信设备是否完好	4		性能良好	—	个别存在性能不稳定的情况	部分性能不良好	询问，现场检查							
		5.2.5.3 专用通信设备的存放与管理	2		定置存放，管理有序	管理有序	能基本满足运行维护和应急需要	不满足运行维护和应急需要	检查现场设备、人员和制度							
		5.2.5.4 工作人员是否清楚专用通信设备的使用方法	2		全部人员清楚	个别人员不清楚	部分人员不清楚	全部不清楚	询问现场工作人员							

续表

检查项目	权重/%	检查子项目	应得分	实得分	优秀	良好	一般	不合格	检查方法	检查情况	存在问题	改进建议	评估结果			检查人员
					100%	100%~90%	90%~80%	80%以下					绿色	黄色	红色	
六、现场环境	10	6.1 用户设备标识	20													
		★6.1.1 设备标识是否齐全	10		所有设备的标识齐全	关键设备标识齐全	个别设备标识不全	大部分设备标识不全	现场逐项检查(开关、刀闸、低压出线开关、保护连接片、电缆、应急电源)标识,抽查部分高压开关、低压出线开关、二次回路与标识的一致性							
		★6.1.2 设备标识是否清晰	10		全部设备标识清楚,无歧义;标识与实际一致	关键设备标识清楚,无歧义;标识与实际一致	设备标识基本清楚	设备标识不清楚、有歧义或错误								
		6.2 配电室进出通道	20													
		6.2.1 配电室通道画线是否完备	10		有画线,画线合理	—	画线不尽合理	没有画线	现场检查							
		6.2.2 配电室通道进出是否方便	10		没有摆放阻碍进出的物品物件,人员进出方便	—	通道摆放有物品物件,影响人员进出	通道阻塞,人员进出不方便	现场检查通道畅通(抢修通道、巡视通道、操作通道、消防通道),没有阻碍的物品物件							

续表

检查项目	权重/%	检查子项目	应得分	实得分	优秀	良好	一般	不合格	检查方法	检查情况	存在问题	改进建议	评估结果			检查人员
					100%	100%~90%	90%~80%	80%以下					绿色	黄色	红色	
六、现场环境	10	6.3 值班专用场所	10													
		6.3.1 是否设有专用的值班场所	5		有,且环境良好	—	有	没有	现场检查							
		★6.3.2 值班场所设置点是否合理	5		值班场所在配电室或相邻房间	—	值班场所距离较近	值班场所距离较远	现场评估							
		6.4 配电室防小动物设施	20													
		6.4.1 配电室防小动物措施是否完善	10		电缆进出口封堵严实,开关柜门密封,人员进出通道有挡板	—	相关设备设施防小动物措施存在隐患	无相关设备设施防小动物措施	现场检查电缆进出口、开关柜门、人员进出通道							
		6.4.2 临时电缆防小动物措施是否完善	10		临时电缆进出口封堵严密	—	临时电缆进出口封堵不严密	无相关封堵措施	现场检查电缆进出口、开关柜门、人员进出通道							
		6.5 配电室设备运行环境	10													

续表

检查项目	权重/%	检查子项目	应得分	实得分	优秀	良好	一般	不合格	检查方法	检查情况	存在问题	改进建议	评估结果			检查人员
					100%	100%~90%	90%~80%	80%以下					绿色	黄色	红色	
六、现场环境	10	6.5.1 配电室设备运行环境是否良好	10		有除湿、降温设备,湿度小于80%、温度小于28 ℃,建筑物防雨措施完备有效	湿度、温度符合设备运行要求,建筑物防雨措施完备有效	—	建筑物防雨措施不完善,运行环境恶劣	现场检测							
		6.6 配电室照明与通风	5													
		6.6.1 配电室照明与通风是否良好	5		照明灯具充足,有通风设施,检查项目全部完好	照明灯具充足,有通风设施,检查项目基本完好	—	设施缺陷严重,影响保供电工作	现场启动照明、通风设施,检查评估							
		6.7 设备安全围栏	15													
		6.7.1 应设围栏处是否设置了围栏	10		安全距离不足的设备都设有安全围栏	—	—	存在安全距离不足的设备无安全围栏	现场目测检查							
		6.7.2 设置的围栏是否符合要求	5		符合规程要求,有明显标志及闭锁	—	符合规程要求,有明显标志	不符合规程要求	现场目测检查							

附录B 重要保供电场所供电安全风险评估报告参考模板

××供电安全风险评估报告

××年×月×日，按照《重要保供电场所供电安全风险评估标准》对××场所供电电源、设备设施、组织保障、应急准备、物资装备、现场环境等6个项目全面检查，通过现场实地检查、询问、查阅图纸资料等方式对评估表中17个子项目123个分子项目进行了评估，有关评估情况如下：

一、场所总体状况及评估得分

该场所总体用电负荷为××× kW，保供电团队由×××（单位）组成。设备总体状况相对良好，问题主要表现在：××××××。

经评估，场所总体得分为×××分，总体评估结果为达标/不达标；6个评估项目中，×××为红色、×××为黄色、×××为绿色；17个子项目中，红色×项，占×%，黄色×项，占×%，绿色×项，占×%；123个分子项目中，红色×项，占×%，黄色×项，占×%，绿色×项，占×%，具体见下表。在保供电期间，需重点关注：×××××。

<table>
<tr><th rowspan="2">序号</th><th rowspan="2">项目名称</th><th rowspan="2">得分</th><th colspan="4">分子项目统计(项)</th></tr>
<tr><th>小计</th><th>绿色</th><th>黄色</th><th>红色</th></tr>
<tr><td>1</td><td>供电电源</td><td></td><td>10</td><td></td><td></td><td></td></tr>
<tr><td>2</td><td>设备设施</td><td></td><td>32</td><td></td><td></td><td></td></tr>
<tr><td>3</td><td>组织保障</td><td></td><td>27</td><td></td><td></td><td></td></tr>
<tr><td>4</td><td>应急准备</td><td></td><td>20</td><td></td><td></td><td></td></tr>
<tr><td>5</td><td>物资装备</td><td></td><td>22</td><td></td><td></td><td></td></tr>
<tr><td>6</td><td>现场环境</td><td></td><td>12</td><td></td><td></td><td></td></tr>
<tr><td colspan="2">合计</td><td></td><td colspan="2">是否为核心保供电场所</td><td colspan="2">是/否</td></tr>
<tr><td colspan="2">综合评定</td><td colspan="5">达标/基本达标/不达标</td></tr>
</table>

二、值得肯定方面

×××

三、存在的主要问题及建议

（一）供电电源方面

存在问题：

整改建议：

(二)设备设施方面

存在问题：
整改建议：

(三)组织保障方面

存在问题：
整改建议：

(四)应急准备方面

存在问题：
整改建议：

(五)物资装备方面

存在问题：
整改建议：

(六)现场环境方面

存在问题：
整改建议：

四、评估单位及人员

评估组织单位：
评估组组长：
评估组组员：

参考文献

[1] 国网湖北省电力有限公司应急培训基地组.电网企业应急救援装备使用手册[M].北京:中国电力出版社,2019.

[2] 曹国卫.加强重大活动保供电工作的思考[J].电力需求侧管理,2010,12(03):72-73.

[3] 杨翾,刘剑,李祥,等.基于重大活动保供电的多级联合调控管理模式探索[J].四川电力技术,2018,41(05):80-85.

[4] 李昊鹏.青岛地区重要电力客户供电保障方案研究[D].青岛:青岛大学,2018.

[5] 梁博森.电力系统运行风险管控与恢复策略研究[D].杭州:浙江大学,2017.

[6] 范宪铭.场馆安全供电保障分析[D].北京:华北电力大学(北京),2011.

[7] 石爱龙.基于电力企业生产安全的物资供应保障研究[D].大连:大连海事大学,2013.

[8] 国网山东省电力公司.重大活动电力保障实践[M].北京:中国电力出版社,2020.

[9] 中华人民共和国住房和城乡建设部.供配电系统设计规范:GB 50052—2009[S].北京:中国计划出版社,2010.

[10] 国家市场监督管理总局.重要电力用户供电电源及自备应急电源配置技术规范:GB/T 29328—2018[S].北京:中国质检出版社,2019.

[11] 中国电力企业联合会.3～110 kV 高压配电装置设计规范:GB 50060—2008[S].北京:中国计划出版社,2009.

[12] 中国电力企业联合会.电力装置的继电保护和自动装置设计规范:GB/T 50062—2008[S].北京:中国计划出版社,2009.

[13] 中华人民共和国住房和城乡建设部.110 kV～750 kV 架空输电线路施工及验收规范:GB 50233—2014[S].北京:中国计划出版社,2015.

[14] 沈桂城.电力企业应急保障体系存在的问题及对策[J].电力与电工,2012,32(03):30-31.

[15] 黄仕鑫,高长仁,童涛,等.电力建设企业应急能力建设[J].电力安全技术,2019,21(08):11-15.

[16] 张萍.电网企业应急体系管理研究[D].北京:华北电力大学(北京),2016.

[17] 曾怡娴.京津冀区域大面积停电事件应急联动管理问题研究[D].天津:天津大学,2019.

[18] 章云龙，李景.构建应急管理法制体系[J].劳动保护，2015(12)：17-19.

[19] 刘铁民.应急预案重大突发事件情景构建——基于"情景-任务-能力"应急预案编制技术研究之一[J].中国安全生产科学技术，2012，8(04)：5-12.

[20] 王兴锋，闫鹏.电建企业如何构建重大风险监控预警机制[J].中国电力企业管理，2018(07)：86-87.

[21] 夏文华，赵朝锋.浅谈电力行业应急管理体系与应急能力建设[J].中国新技术新产品，2017(23)：133-134.

[22] 国网陕西省电力公司.电网企业隐患(缺陷)排查治理管理手册[M].北京：中国电力出版社，2018.

[23] 国网山西省电力公司.综合检修在交直流大电网中的应用[M].北京：中国水利水电出版社，2016.

[24] 中国电力企业联合会.建设工程施工现场供用电安全规范：GB 50194—2014[S].北京：中国计划出版社，2014.